ABHANDLUNGEN DER SÄCHSISCHEN AKADEMIE DER WISSENSCHAFTEN ZU LEIPZIG

Mathematisch-naturwissenschaftliche Klasse
Band 56 · Heft 3

KIRSTEN POLLMER
HANS-HEINZ EMONS

EIN BEITRAG ZUR KOORDINATIONSCHEMIE KONZENTRIERTER ELEKTROLYTLÖSUNGEN

AKADEMIE-VERLAG BERLIN
1986

ABHANDLUNGEN DER SÄCHSISCHEN AKADEMIE DER WISSENSCHAFTEN ZU LEIPZIG

Mathematisch-naturwissenschaftliche Klasse

Band 50

Heft 1 Prof. Dr. Peter Friedrich Matzen, **Probleme der operativen Skoliosenbehandlung**
1968. 26 Seiten — 29 Abbildungen — 4° — M 9,50

Heft 2 Dr. Oskar Intrau, **Kompositionstafeln quaternärer quadratischer Formen**
1970. XXIV, 121 Seiten — 4° — M 16,20

Heft 3 Felix Lampadius, **Der Burkhardtswald bei Aue als klassisches Beispiel waldbaulicher Rauchschadenabwehr**
1969. 24 Seiten — 1 Faltkarte — 6 Tabellen — 4° — M 4,50

Heft 4 Dr. habil. Günter Sachse, **Die Reinigung radioaktiv kontaminierter Abwässer durch Kontaktenthärtung und Ionenaustausch**
1971. 132 Seiten — 91 Abbildungen, davon 60 auf 23 Kunstdrucktafeln — 67 Tabellen — 4° — M 26,—

Band 51

Heft 1 **Beiträge zur Chemie und Technologie der Brennstoffe**
Gedenkschrift für Prof. Dr. techn. habil. Anton Lissner
Herausgegeben von Prof. Dr.-Ing. Dr.-Ing. eh. Erich Rammler
1971. 146 Seiten — 1 Titelbild — 57 Textabbildungen, davon 6 auf 3 Tafeln — 35 Tabellen — 4° — M 26,—

Heft 2 Dr. Günter Herrmann, **Beiträge zur Bestimmung von Schwefeldioxid in der Atmosphäre und Herstellung von Schwefeldioxid-Luft-Gemischen**
1971. 179 Seiten — 74 Abbildungen, davon 13 auf 10 Kunstdrucktafeln — 41 Tabellen — 4° — M 29,—

Heft 3 Prof. Dr. med. Georg Merrem, **Die parasagittalen Meningiome**
Zum Gedächtnis des Begründers der deutschen Neurochirurgie Prof. Dr. Fedor Krause 1857—1937
1971. 38 Seiten — 20 Abbildungen — 1 Tabelle — M 10,—

Heft 4 Prof. Dr. Maximilian Klinkowski, **Epidemien und Pandemien pflanzenpathogener Krankheitserreger in ihrer Beziehung zum Menschen**
1971. 54 Seiten — 41 Abbildungen — 4 Tabellen — 4° — M 10,70

Heft 5 Prof. Dr. Gustav E. R. Schulze und Dr. Peter Paufler, **Die plastische Verformung „spröder“ intermetallischer Verbindungen und ihre Elementarprozesse**
1972. 24 Seiten — 14 Abbildungen — 11 Tabellen — 4° — M 5,40

Band 52

Heft 1 Prof. Dr. Kurt Mothes, **Über sekundäre Pflanzenstoffe**
1972. 29 Seiten — 18 Abbildungen — 4° — M 5,50

Heft 2 Prof. Dr. Dietrich Uhlmann, **Störungen des biologischen Gleichgewichts in Gewässern**
1973. 17 Seiten — 16 Abbildungen — 4° — M 4,50

ABHANDLUNGEN DER SÄCHSISCHEN AKADEMIE
DER WISSENSCHAFTEN ZU LEIPZIG

Mathematisch-naturwissenschaftliche Klasse
Band 56 · Heft 3

KIRSTEN POLLMER
HANS-HEINZ EMONS

EIN BEITRAG ZUR KOORDINATIONSCHEMIE KONZENTRIERTER ELEKTROLYTLÖSUNGEN

Mit 28 Abbildungen und 28 Tabellen

AKADEMIE-VERLAG · BERLIN
1986

Vorgelegt in der Sitzung am 14. Dezember 1984
Manuskript eingereicht am 30. August 1985
Druckfertig erklärt am 1. September 1986

Dem langjährigen Präsidenten der Sächsischen Akademie der Wissenschaften zu Leipzig und Vizepräsidenten der Akademie der Wissenschaften der DDR, dem Ehrendoktor der Bergakademie Freiberg und dem hochverehrten Lehrer
Herrn Prof. Dr. Dr. h. c. mult. Kurt Schwabe
anläßlich seines 80. Geburtstages in bleibender Erinnerung gewidmet.

ISBN 3-05-500091-9
ISSN 0365-6470

Erschienen im Akademie-Verlag Berlin, DDR-1086 Berlin, Leipziger Straße 3—4

Lizenznummer: 202 · 100/517/86
Printed in the German Democratic Republic
Gesamtherstellung: VEB Druckhaus „Maxim Gorki“, 7400 Altenburg
LSV 1215
Bestellnummer: 763 611 0 (2025/56/3)

01800

INHALT

1. Einleitung und Problemstellung

Über die Natur der Lösung spekulierten bereits die griechischen Philosophen. Die Alchemisten gebrauchten den Begriff „göttliches Wasser“ zur Bezeichnung alles Flüssigen und Gelösten. Für die Bedeutung, die man im Zeitalter der Alchemie der Auflösung und den Lösungsmitteln beimaß, spricht die Suche nach dem von PARACELSUS (1493–1541) genannten „alkahest“ oder „menstruum universale“. Das Universallösungsmittel konnte nicht gefunden werden, jedoch resultierte aus den vielfältigen, darauf hinzielenden Experimenten die alte chemische Faustregel: „Similia similibus solvuntur“ [1].

Heute sind durch den Einsatz moderner physikalischer und chemischer Methoden sowie mathematischer Modellierungen die Struktur-Eigenschafts-Beziehungen verdünnter Elektrolytlösungen gut bekannt, die adäquaten Kenntnisse über hochkonzentrierte Lösungen fehlen aber noch weitgehend.

Die Anwendung der HAMILTON-MODELLE auf dem MAYER-MC MILLAN-FRIEDMAN-Niveau für verdünnte Elektrolytlösungen in der modernen Theorie von Elektrolytlösungen sowie der umfangreiche Informationszuwachs aus experimentellen thermodynamischen und kinetischen Untersuchungen, der Spektroskopie und der Elektrochemie schaffen eine gute Grundlage für die weitere Forschung [2].

Die Stellung der Lösungen in der Chemie wurde auf den von der IUPAC geförderten Konferenzen wie der „International Conferenz on Non-Aqueous Solutions (ICNAS)“ und dem „International Symposium on Solute-Solute-Solvent-Interactions (ISSSSI)“ betont, die im zweijährigen Turnus stattfinden. Auch zahlreiche internationale Konferenzreihen der chemischen Technik befassen sich mit dem Gebiet der Elektrolytlösungen in speziellen Sektionen, wie z. B. der World Congress of Chemical Engineering.

Viele Verfahren der Stoffwandlung sind aus physikalischen, chemischen, technischen und ökonomischen Gründen an den Einsatz von hochkonzentrierten Elektrolytlösungen gebunden, weshalb die Frage der Struktur-Eigenschafts-Beziehungen dieser Lösungen sowohl von theoretischem Interesse als auch von grundlegender praktischer Bedeutung sind. Kenntnisse über die hochkonzentrierten Lösungen sind für die in zunehmendem Maße technisch verwendeten Hydratschmelzen relevant, wie auch in gleicher Weise das ständig zunehmende Wissen über den Aufbau und die Eigenschaften von Hydratschmelzen für die Elektrolytlösungen bedeutsam ist, weshalb der Erkenntnisprozeß für diese wissenschaftlichen Teilgebiete sich wechselseitig bedingt.

Trotz der bereits betonten ständig wachsenden Erkenntnisse auf dem Gebiet der Sruktur und Eigenschaften von Elektrolytlösungen sowie der Thermodynamik und Kinetik von Lösungssystemen existiert bis heute speziell für konzentrierte Elektrolytlösungen noch keine Theorie, die in der Lage ist, die Vielzahl der beobachteten Erscheinungen und Eigenschaften von einem einheitlichen Standpunkt aus zu erklären oder vorauszubestimmen.

Auf der Basis der bisher an Elektrolytlösungen vorliegenden Untersuchungen ist die folgende Einteilung, ausgehend vom reinen Lösungsmittel über die Lösung bis zum geschmolzenen wasserfreien Salz, praktikabel.

Tabelle 1

Einteilung von ionischen Flüssigkeiten

1. Bereich der einfachen DEBYE-HÜCKEL-Theorie (Grenzkonzentration 0,01 mol Salz · kg^{-1} Lösung)
2. Bereich der erweiterten DEBYE-HÜCKEL-Theorie (Grenzkonzentration $\sim$ 1 mol Salz · kg^{-1} Lösung)
3. Bereich der konzentrierten Elektrolytlösungen
4. Bereich des Übergangs von den Hydratsalzschmelzen zum geschmolzenen Salz
5. Bereich der reinen Salzschmelzen bzw. von Salzschmelzen mit einem Wassergehalt < 1 Mol-%

Das Schema verdeutlicht, daß der Zugang zum Gebiet der hochkonzentrierten Lösungen sowohl von der Seite der verdünnten Lösungen als auch der rein ionischen Flüssigkeiten möglich ist.

Bereits 1923 wurde von DEBYE und HÜCKEL [3] die erste geschlossene Theorie der Elektrolytlösungen entwickelt. Sie hat Gültigkeit für sehr stark verdünnte Lösungen, da die nachstehenden Postulate nur in diesen näherungsweise erfüllt sind.

Es wird angenommen, daß

— der Elektrolyt vollständig dissoziiert ist,
— die Abweichung vom idealen Verhalten ausschließlich durch COULOMB-Wechselwirkungen verursacht werden,
— die COULOMB-Energie gegenüber der Energie der Wärmebewegung klein ist,
— die Ionen als punktförmige, nicht polarisierbare Ladungen mit kugelsymmetrischem Feld aufgefaßt werden können und
— die Dielektrizitätskonstante des Lösungsmittels durch die gelösten Ionen nicht vermindert wird [4].

Adaptionen zur Erweiterung dieser Theorie u. a. durch FALKENHAGEN [5], EBERLING [6], FRIEDMAN [7] auf höhere Konzentrationen (Bereich 2, Tab. 1) benutzen meist Korrekturgrößen, die z. T. aus experimentellen Werten ermittelt wurden. Die aufgeführten Zusatzterme zum elektrostatischen Anteil des Aktivitätskoeffizienten sind bei höheren Konzentrationen aber nicht mehr physikalisch interpretierbar.

Durch die Solvatation als Wechselwirkung von Ionen mit den Solvensmolekülen werden in mannigfaltigster Weise die Aktivitätskoeffizienten beeinflußt. Das Lösungsmittel kann einerseits über die Dielektrizitätskonstante direkt die interionischen Wechselwirkungen verändern und über die Solvatationsenergie die Lage von Assoziationsgleichgewichten bestimmen. Andererseits muß bei hochkonzentrierten Lösungen mit maßgeblichen Strukturänderungen der Solvathülle gerechnet werden, wodurch sich die interionischen Wechselwirkungen verstärken und sich die effektive Dielektrizitätskonstante des Lösungsmittels stark verringert, weshalb die Dielektrizitätskonstante als Meßgröße gegenstandslos wird.

Der zweite ebenso berechtigte Zugang zum Gebiet der konzentrierten Elektrolytlösungen sollte von den geschmolzenen Elektrolyten — den reinen Salzschmelzen — ausgehend über das Gebiet der Hydratschmelzen möglich sein. Geschmolzene Elektrolyte sind Flüssigkeiten, die ganz oder überwiegend aus beweglichen Kationen und Anionen aufgebaut sind. Die Eigenschaften dieser Ionenflüssigkeiten werden durch die Wechselwirkungen zwischen den Ionen, hauptsächlich durch die weitreichenden COULOMBschen Kräfte bestimmt, welche eine alternierende Ladungsverteilung in der Schmelzstruktur verursachen. Bekanntlich ist der Übergang festflüssig am Schmelzpunkt oft mit einer Volumenzunahme verbunden. Strukturmodelle für Ionenschmelzen (Zellenmodell, Gittermodell, Modell der signifikanten Strukturen, Lochmodell) berücksichtigen diesen Faktor z. B. durch die Einbeziehung von freien Volumina, Löchern, Kationen- und Anionenleerstellen. Inwieweit bei Zusatz von wenigen Lösungsmittelmolekülen — unter Berücksichtigung der schnellen Platzwechselvorgänge in Lösungen — quasi Leervolumina oder nur zeitweilig besetzte Koordinationsplätze vorhanden bleiben, ist eine z. Z. noch offene Frage.

Übersichtsartikel und Fortschrittsberichte zum Gebiet der geschmolzenen Salze wurden von EMONS, HORLBECK, VOIGT aufgeführt und kritisch gewertet [8—10].

Zur Abgrenzung der Hydratschmelzen sowohl von den geschmolzenen Salzen als auch den konzentrierten Elektrolytlösungen bestehen im Schrifttum divergierende Betrachtungsweisen. So wird in der Einteilung der ionischen Flüssigkeiten nach BRAUNSTEIN [11] das Gebiet der konzentrierten Elektrolytlösungen nicht explizit aufgeführt. Den Salz-Hydratschmelzen wurde ein Bereich von 10 bis 4 mol Wasser je mol Salz zugeordnet. MARCUS [12] zählt zu den Hydratschmelzen alle Lösungen, in welchen kein freies Wasser vorhanden ist. Aber bereits der Begriff „freies Wasser" ist für diese Konzentrationsgebiete umstritten. Als den natürlichen Gegebenheiten am naheliegendsten erscheint die von ANGELL [13—15] gegebene Definition des Bereiches der Hydratschmelzen. Er betrachtet nur die geschmolzenen Elektrolytlösungen von stabilen Salzhydraten (z. B. $AlCl_3 \cdot 6H_2O$, $MgCl_2 \cdot 6H_2O$, $LiCl \cdot H_2O$) mit definierten Schmelzpunkten als Hydratschmelzen.

Zusammenfassend ergibt sich, daß es aus heutiger Sicht weder erforderlich noch sinnvoll oder exakt möglich ist, eine strenge Abgrenzung der Teilbereiche der ionischen Flüssigkeiten vorzunehmen. Mit steigender Konzentration treten in Elektrolytlösungen grundlegende Änderungen der Struktur- und Wechselwirkungsverhältnisse auf, die bei hohen Konzentrationen noch weitgehend unbekannt sind.

Erste Beschreibungen der Mikrostruktur von Lösungen vermitteln die Solvatationsmodelle nach FRANK/EVENS [16], FRANK/WEN [17] und BURGESS [18], die sich im wesentlichen bezüglich der Anzahl der Solvatationssphäre unterscheiden. Um Ionen mit hoher Ladungsdichte (wie z. B. Al^{3+}, Mg^{2+}, Li^+) können sich nach BURGESS die in Abb. 1 schematisch dargestellten vier Zonen ausbilden.

Die Ausbildung von verschiedenen Solvatationssphären ist abhängig von

— den Eigenschaften des Ions (Ladung, Radius, Elektronenkonfiguration),
— den Eigenschaften des Lösungsmittels (Donor-Akzeptorstärke, sterische Faktoren),
— der Elektrolytkonzentration.

Infolge des in den gesättigten Lösungen herrschenden Solvensmangels sind die Ionen grundsätzlich nicht mehr in der Lage, die aus den Untersuchungen an verdünnten Lösungssystemen bekannten Koordinationssphären ungestört aufzubauen (Tab. 2).

Aus den genannten Gründen sind zur Klärung der Struktur-Eigenschafts-Beziehungen in hochkonzentrierten Elektrolytlösungen u. a. Untersuchungen zur Bestimmung des Lösungsmitteleinflusses auf den Solvatationszustand des Elektrolyten sowie spektroskopische Charakterisierungen der Wechselwirkungen und Spezies erforderlich.

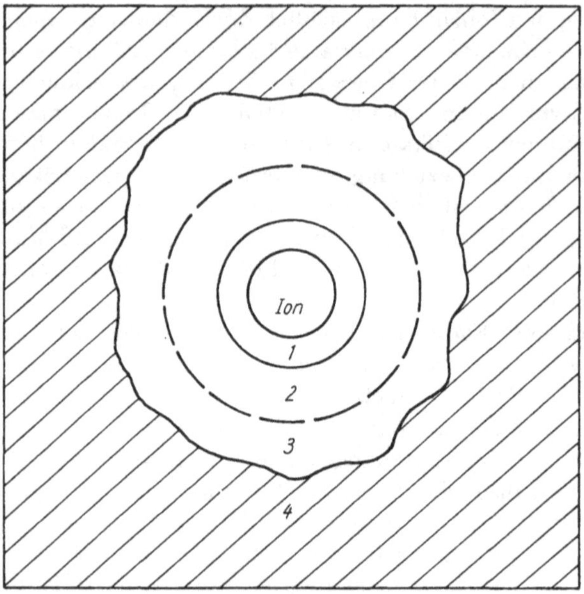

Abb. 1.: Solvatationsmodell nach BURGESS

Tabelle 2

Beispiele für konzentrierte Elektrolytlösungen

gesättigte Lösung (25 °C)	^{c}Salz (g Salz/1000 g H_2O)	Molverhältnis Salz : H_2O	Molalität (mol Salz/1000 g H_2O)
$AlCl_3$	449,64	1:16,46	3,37
$MgCl_2$	562,20	1: 9,41	5,90
LiCl	847,11	1: 2,78	19,98

Während sich die bisherigen Überlegungen im wesentlichen auf das gebräuchlichste Lösungsmittel Wasser und die damit verbundenen Systeme bezogen, gelten die allgemeinen Ansätze für jede Lösung eines Elektrolyten. Trotz seiner vielfältigen Verwendung ist das Wasser ein relativ unspezifisches Lösungsmittel, so daß es seit vielen Jahren Untersuchungen gibt, das Wasser erfolgreich durch andere Lösungsmittel — in erster Linie organischer Natur — ganz oder teilweise zu ersetzen. Zahlreiche Arbeiten betrachten dabei die Wechselbeziehung zwischen den Ionen und den Lösungsmittelmolekülen meistens in binären Systemen. Weniger betrachtet wurden konzentrierte Elektrolytlösungen und Systeme des Typs Salz-Wasser-organisches Lösungsmittel. Hier fanden sich vor Aufnahme der Arbeit umfangreiche und systematische Untersuchungen [19], wenige grundlegende Arbeiten, besonders in Hinblick auf Salze der Alkali- und Erdalkalimetalle, während praktische Aspekte zur Anwendung gemischter Lösungsmittel bei der Gewinnung anorganischer Salze schon seit Jahrzehnten diskutiert wurden.

Verfahrensvorschläge zur Herstellung von Kaliprodukten — die auf der partiellen Substitution des Wassers durch organische Lösungsmittel basieren — wurden u. a. von HOPPE und SCHERZBERG [20] unterbreitet. Für die technologische Anwendung gemischter Lösungsmittel werden nachstehende Möglichkeiten diskutiert [8]:

— Aussalzen von Komponenten aus komplexen Rohstoffen, welche in dem ausgewählten Lösungsmittelgemisch nahezu unlöslich sind.
— Reziproke Umsetzung von Stoffen, wobei sich die Löslichkeit der Komponenten im gemischten Lösungsmittel stark unterscheidet.
— Selektives Auflösen von Stoffen aus Gemischen oder einzelnen Komponenten aus Doppelsalzen.

In Tab. 3 sind Beispiele des Einsatzes von gemischten Lösungsmitteln in technologischen Prozessen aufgezeigt.

Die stabilen Löslichkeitsgleichgewichte stellen für die Verarbeitungsprozesse der Mineralsalzindustrie Grenzwerte dar, die in Abhängigkeit von der Dynamik und den

Tabelle 3

Beispiele für eine mögliche Gewinnung anorganischer Salze [8, 23] unter Anwendung von Lösungsmittelgemischen

Lösungsmittelgemisch	Einsatzgebiet	Technologisches Ziel	Zeitraum
H_2O-CH_3OH	— Kaliumsulfat-Gewinnung $2\,KCl + MgSO_4 = K_2SO_4 + MgCl_2$	Erhöhung der Ausbeute des wäßrigen zweistufigen Kaliumsulfat-Prozesses Erschließung neuer Sulfatquellen	1960 bis 1966
	— Aussalzung von Schönit aus Sol- und Abstoßlösungen	für den Kaliumsulfat-Prozeß	
	— Aussalzung von Na_2SO_4 aus den Spinnbädern der Viskosefaserindustrie	Gewinnung von Na_2SO_4 aus den Endlösungen der Viskosefaserherstellung	
	— Kaliumsulfat-Gewinnung $2\,KCl + Na_2SO_4 = K_2SO_4 + 2\,NaCl$	Einsatz von natürlichem Natriumsulfat zur Kaliumsulfat-Gewinnung	
H_2O-$(CH_3)_2CO$	— Aussalzung von Na_2SO_4 aus den Spinnbädern der Viskosefaserindustrie	Gewinnung von Na_2SO_4 aus den Endlösungen der Viskosefaserherstellung	1960 bis 1966
H_2O-$HOCH_2CH_2OH$ $+ NH_3$	Gewinnung von KCl und $MgCl_2$ aus carnallititischen Rohsalzen	Gewinnung von KCl und wasserfreiem $MgCl_2$ durch thermischen Abbau des $MgCl_2 \cdot 6\,NH_3$	1981

spezifischen Besonderheiten der Prozesse nur in wenigen Fällen erreicht werden. Wesentlich ist ihre Kenntnis für die Beurteilung des Systemverhaltens, weil diese grundlegend für die bessere theoretische Deutung und praktische Ausnutzung der jeweiligen Gesetzmäßigkeiten sind. Deshalb ist eine Einschätzung der technologischen Möglichkeiten zur Verarbeitung von Salzen in gemischten Lösungsmitteln erst dann möglich, wenn die Löslichkeitsverhältnisse und Bodenkörperparagenesen bekannt sind. So wurden bereits in den 60er bis 70er Jahren [19] umfangreiche Löslichkeitsuntersuchungen durchgeführt, speziell in den Systemen $K^+/Mg^{2+}/Cl^-/SO_4^{2-}$-$H_2O$-organische Komponente und $Na^+/K^+Mg^{2+}/Cl^-/SO_4^{2-}$-$H_2O$-organische Komponente bei Anwesenheit sulfatischer Bodenkörper.

Im Mittelpunkt unserer Arbeit in den Jahren von 1975 bis 1980 stand die Anwendung von gemischten Lösungsmitteln bei der Verarbeitung von carnallititischen Rohsalzen. Die Wirksamkeit organischer Lösungsmittel, besonders von Alkoholen zur Vorlösung von carnallititischen Salzen, untersuchte bereits Serowy [21]. Unter technischen Aspekten wurden als organische Komponenten vorrangig Methanol und Aceton empfohlen. Ausschlaggebend für die Auswahl von Methanol sind seine unbegrenzte Mischbarkeit mit Wasser, der z. T. hohe Aussalzeffekt und die relativ günstigen Rückgewinnungsmöglichkeiten. Aceton wurde deshalb diskutiert, weil es einerseits eine um ~ 28 kJ geringere molare Verdampfungsenthalpie als Methanol besitzt — wodurch die Rückgewinnung energetisch begünstigt ist — und andererseits bei den Untersuchungen an den Systemen Na_2SO_4-H_2O-Methanol und Na_2SO_4-H_2O-Aceton ermittelt wurde, daß Aceton stärker aussalzend wirkt als Methanol, was jedoch nicht für jedes Salz gilt. Ein Überblick zu den bislang unter den Aspekten der Mineralsalzforschung untersuchten chloridischen ternären Systemen Salz ($MgCl_2$, NaCl, KCl)-H_2O-organische Komponente wird in [22] gegeben.

Bislang sind noch keine Informationen über eine geschlossene theoretische Behandlung der konzentrierten Elektrolytlösungen des Typs *Salz-Wasser*-organische *Komponente* vorhanden. Die Komplexität der Problematik wird bereits anhand der nachstehenden Betrachtungen der möglichen Wechselwirkungen eines Elektrolyten in einer binären Solvensmischung (H_2O-organische Komponente) deutlich:

- H_2O-H_2O, H_2O-organische Komponente, organische Komponente-organische Komponente,
- Kation-H_2O, Anion-H_2O, Kation-organische Komponente, Anion-organische Komponente,
- Kation-Anion, Kation-Kation, Anion-Anion.

Berücksichtigt man außerdem die Dynamik der Lösungen und die unterschiedlichen Stabilitäten von komplexen Spezies oder Struktureinheiten, so wird die Vielschichtigkeit der zu behandelnden Problematik noch offensichtlicher. Gleichzeitig ermöglicht aber der sukzessive Ersatz des Wassers durch ein zweites Lösungsmittel eine wesentliche Erweiterung des Spektrums der koordinationschemischen Eigenschaften der Lösungsmittelgemische.

Ausgehend von den Kenntnissen der heterogenen Gleichgewichte, Bodenkörperparagenesen, Dichten und Viskositäten in den verschiedenen Salz-Lösungsmittel-Systemen führt uns die zielgerichtete Suche und Auswahl von geeigneten Lösungsmittelgemischen zur Lösung praktischer Problemstellungen zwangsläufig zu Fragen der Struktur und der zwischenmolekularen Wechselwirkungen in hochkonzentrierten Lösungen.

Im Zeitraum von 1980 bis 1984 bearbeiteten wir deshalb Fragen der Koordinationschemie hochkonzentrierter Elektrolytlösungen. Als Modellelektrolyte wurden Aluminium (III)-chlorid, Magnesiumchlorid und Lithiumchlorid ausgewählt, da diese Salze einerseits bei technischen Prozessen, die z. T. auf einheimischen Rohstoffen basieren, zu beachten sind und andererseits aus koordinationschemischer Sicht der Vergleich dieser Kationen abgestufter Ladungsdichte von Hauptgruppenelementen bei Gegenwart des Chloridions besonders interessant ist.

Unter diesen Voraussetzungen leiten sich eingeordnet in generelle Aspekte für die vorliegende Arbeit u. a. folgende Aufgaben ab:

— Es soll ein Beitrag zur Koordinationschemie in hochkonzentrierten Elektrolytlösungen des Typs *Salz-Wasser*-organisches *Lösungsmittel* geleistet worden, wobei auszugehen ist von den Wechselwirkungen Salz-Wasser und Salz-organisches Lösungsmittel. Neben den allgemeinen Betrachtungen werden besonders die Solvatationsprozesse von Lithiumchlorid, Magnesiumchlorid und Aluminium(III)-chlorid untersucht, da zur Koordinationschemie speziell in Lösungen von Salzen der Hauptgruppenelemente im Gegensatz zu den d-Elementen wenig bekannt ist.

— Zur Indizierung der in den Systemen ablaufenden Strukturveränderungen sind die ohne größeren apparativen Aufwand ermittelbaren konventionellen makroskopischen Größen (wie z. B. Löslichkeiten, Dichten und Viskositäten) aussagekräftig; sie bilden gleichzeitig die Ausgangsbasis für weitere Strukturuntersuchungen mit Hilfe moderner spektroskopischer Methoden. Deshalb sollen anhand der heterogenen Löslichkeitsgleichgewichte, Bodenkörperparagenesen, Dichten und Viskositäten von ausgewählten ternären Systemen des Typs $LiCl(MgCl_2, AlCl_3)$-Wasser-organische Komponente (K) verallgemeinerungsfähige Aussagen zum Solvatationsverhalten von Elektrolyten abgeleitet werden (K = Methanol, Ethanol, 1-Propanol, Ethylenglycol, Glycerol, Ameisensäure, Essigsäure, Formamid, Tetrahydrofuran, 1.4-Dioxan, Acetonitril, Aceton, Dimethylsulfoxid, N,N-Dimethylformamid).

Dabei gilt es zu klären, inwieweit aus den koordinationschemischen Eigenschaften der Solvenssysteme (H_2O-organische Komponente) und durch den sukzessiven Ersatz des Wassers durch ein organisches Lösungsmittel systematische Betrachtungen zum Löslichkeits- und somit Solvatationsverhalten von starken Elektrolyten möglich sind und eine Systematisierung der Wirkungsweise der organischen Komponenten erfolgen kann.

— Zur Charakterisierung der mit den gesättigten Lösungen im Gleichgewicht befindlichen festen Phasen hinsichtlich ihres strukturellen Aufbaus und damit verbunden ihres thermischen Verhaltens sollten chemisch-analytische, röntgenographische, kristallographische, thermoanalytische sowie massenspektroskopische Untersuchungen (vorrangig an neuen Substanzen) durchgeführt werden. Die massenspektrometrischen und thermoanalytischen Charakterisierungen lassen außerdem Aussagen bezüglich der Gewinnung von solvensfreien Salzen aus Solvaten und Mischsolvaten zu.

— Bekanntlich verlaufen Bodenkörperumwandlungen sprunghaft an exakt bestimmbaren Umwandlungspunkten. In welcher Art und Weise diese in der festen Phase sich manifestierenden Qualitätsumschläge bereits intermediär in den mit diesen Phasen im Gleichgewicht befindlichen gesättigten Lösungen vorgebildet werden, ist bislang noch wenig bekannt. Durch Einsatz spektroskopischer Methoden sollten

Kenntnisse der in diesen hochkonzentrierten Lösungen vorliegenden Spezies und auftretenden Wechselwirkungen erhältlich sein. Als Modellsysteme für die RAMAN-spektroskopischen Untersuchungen werden die ternären Elektrolytsysteme LiCl-($MgCl_2$, $AlCl_3$)-Wasser-organische Komponente (Methanol, Aceton, Acetonitril, DMF und DMSO) ausgewählt. Gleichfalls ist die Anwendbarkeit und Effektivität der IR/NIR-, der ^{27}Al-Kernresonanz- und der Röntgenbeugungsmethodik für Strukturuntersuchungen an hochkonzentrierten Elektrolytlösungen zu überprüfen und einzuschätzen.

— Ausgehend von den eignen Untersuchungsergebnissen und Literaturangaben werden mögliche Aussagen zu den Solvatations-Desolvatations- und Umsolvatationsprozessen diskutiert.

Wertvolle Arbeiten verdanken wir auf dem Gebiet der konzentrierten Elektrolytlösungen Kurt SCHWABE — dem langjährigen Präsidenten der Sächsischen Akademie der Wissenschaften, deren Ergebnisse zusammenfassend in „Fundamentals of the Thermodynamics of Ionic Solvation“ dargelegt sind [82]. Teilergebnisse der vorliegenden Schrift wurden in Zusammenarbeit mit der Arbeitsgruppe der Sächsischen Akademie der Wissenschaften an der Bergakademie Freiberg erzielt.

2. Koordinationschemische Betrachtungen zu Wechselwirkungen in Elektrolytlösungen

Eine der wesentlichsten Voraussetzungen für die Bildung einer Elektrolytlösung ist die Solvatation der beteiligten Ionen mit den vorhandenen Lösungsmittelmolekülen, da sie u. a. die für die Auflösung des Ionenkristalls notwendige Energie freisetzt. Als Triebkraft zur Koordination der Solvensmoleküle an die Ionen wirken z. B. zwischenmolekulare Kräfte wie: Ionen-Dipol-, Ionen-Induktions-, Dispersions-, H-Brückenbindungs- und Ladungsüberführungskräfte. Die Wechselwirkung zwischen Lösungsmittel und gelösten Spezies verläuft von schwachen VAN-DER-WAALS-Kräften über instabile Koordinationsverbindungen und Dipol-Assoziationen bis zu *Donor-Akzeptor-Komplexen,* die definierte stabile Verbindungen darstellen [24], wobei zwischen den beiden Extremfällen — der einfachen Solvatation als Folge schwacher VAN-DER-WAALS-Kräfte und der definierten chemischen Veränderung des Substrates durch das Lösungsmittel keine prinzipiellen Unterschiede bestehen, sondern diese nur bei gradueller Differenzierung aller möglichen Übergänge existieren [25].

Zur Beschreibung der Struktur einer Elektrolytlösung ist auf Grund der Komplexität der zwischenmolekularen Wechselwirkungen die Notwendigkeit gegeben, Modellvorstellungen zu entwickeln, die — von unterschiedlichen Positionen ausgehend — wesentliche Beiträge zum Verständnis der Vorgänge in Elektrolytlösungen leisten.

Hierzu zählen

— elektrostatische Modelle von BERNAL und FOWLER [26], JENNARD-JONES und POPLE [27],

— Arbeiten von GUTMANN [28, 29], DRAGO [30—32], KOLTHOFF [33] und BARTEL [34] zu den koordinierenden Eigenschaften der Lösungsmittel,

— Vorstellungen von SAMOILOV [35] und HERTZ [36] über die positive und negative Solvatation und deren Weiterentwicklungen [37—40],

— Solvatationsmodelle von FRANK/EVANS [16], FRANK/WEN [17] und BURGESS [18] zur Ausbildung der verschiedenen Solvatationssphären um die Ionen,
— die Ergebnisse von STREHLOW und SCHNEIDER [41—44] zur selektiven Solvatation von Elektrolyten in binären Solvensgemischen.

Eine detaillierte Diskussion dieser Arbeiten wurde von JANNECK [45] vorgenommen.

2.1. Zu den koordinierenden Eigenschaften der Lösungsmittel in Elektrolytlösungen

Von den koordinierenden Eigenschaften des Lösungsmittels und der gelösten Stoffe werden maßgebliche Teilschritte des Lösevorganges, wie die Dissoziation und Ionisierung der Stoffe unter dem Einfluß des Lösungsmittels sowie der Solvatationszustand und die Reaktivität der gelösten Teilchen im jeweiligen Solvens, bestimmt [46].

Zwei Aspekte der Lösungsmittel sind besonders zu beachten: die Gesamtlösungsmitteleigenschaften und die Donator-Akzeptor-Fähigkeit. Im Falle der konzentrierten Elektrolytlösungen sind die Donator-Akzeptor-Eigenschaften maßgebend im Gegensatz zu den verdünnten Lösungen, in denen vorrangig die Lösungsmitteleigenschaften (z. B. relative Dielektrizitätskonstante, Viskosität und Dichte) zu berücksichtigen sind.

Zahlreiche Einteilungskriterien der Lösungsmittel, basierend auf den physikalisch-chemischen („bulk“) und molekularen Eigenschaften [47], empirischen Lösungsmittel-Parameter-Skalen [48—59, 18], der Fähigkeit zur Bildung von Wasserstoffbrückenbindungen [60, 61], der Mischbarkeit [62] und den Säure-Base-Eigenschaften [63, 64, 33], wurden publiziert und sind teilweise in Monographien und Handbüchern [28, 36, 52, 65 bis 67] beschrieben.

Betrachten wir das häufigste und beste Lösungsmittel — das Wasser — eingehender: Ausgehend von dem von PAULING vorgeschlagenen elektrostatischen Modell entwickelten BERNAL und FOWLER [26] die ersten erfolgreichen Konzepte zur theoretischen Deutung der Zweibindigkeit des Protons in der Wasserstoffbrücke. LENNARD-JONES und POPLE [27] trugen zur Verfeinerung des elektrostatischen Modells bei, indem sie durch Einbeziehung der Orbitaleigenschaften des Sauerstoffatoms zeigten, daß zum Gesamtdipolmoment des Wassers die einsamen Elektronenpaare des Sauerstoffatoms wesentlich beitragen. Hierauf basieren die heutigen allgemeinen Vorstellungen, wonach die Wasserstoffbrückenbindung als Wechselwirkung zwischen einer Protonendonatorgruppe und einsamen Elektronenpaaren anzusehen ist. Der Nachteil der elektrostatischen Modelle liegt darin begründet, daß sie vom Ladungszustand der ungestörten Donatorgruppe und des Akzeptoratoms ausgehen und vernachlässigen, daß bei der Bildung der Bindung Ladungsübergänge und Abstoßungskräfte wirksam werden [68].

Die Natur der Wasserstoffbrückenbindung und damit eng verbunden die Quadrupoleigenschaften des Wassers und ihre gegenseitige Beeinflussung bei Wechselwirkungen mit Donator-/Akzeptorgruppen sind auch heute noch nicht restlos geklärt. Bindungszustände können letztlich nur quantenmechanisch verstanden werden, da diese die Ermittlung der Potentialhyperfläche ermöglichen, und über diese sind die Gleichgewichtskonfigurationen und die Schwingungseigenschaften des Systems zugänglich. Da das Wassermolekül sowohl zweimal als Protonendonator und zweimal als Protonenakzeptor fungieren kann, ist es zu vielfältigen Wechselwirkungen und Assoziationsstrukturen mit stark differenzierten Bindungsstärken befähigt.

Für den Fall der dimeren Selbstassoziation, welcher für konzentrierte Lösungen wahrscheinlich ist, sind nachstehende drei Grenzstrukturen formulierbar [68]:

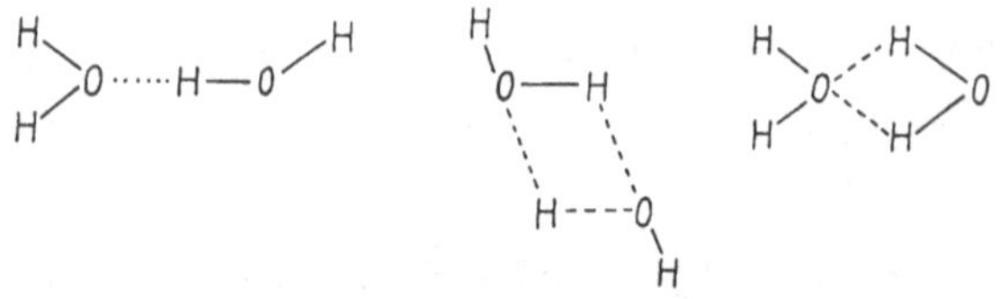

linear cyclisch gabelartig

Diese Grenzstrukturen sind bindungstheoretisch möglich. Schon lange ist bekannt, daß aber eine Wasserstoffbrückenbindung immer dann am stabilsten ist, wenn die drei Brückenatome in linearer Anordnung [69] vorliegen, was auch ab-initio Rechnungen [70, 71] bestätigen.

Die für Flüssigkeiten im Schrifttum aufgezeigten kontroversen Meinungen, ob sich die Eigenschaften von Flüssigkeiten (und verdünnten Elektrolytlösungen) besser durch Kontinuum- oder Mischungs-Modelle beschreiben lassen, sind für das Gebiet der hochkonzentrierten Elektrolytlösungen nur von untergeordnetem Interesse, da die Struktur des Nichtelektrolyten weitgehend eleminiert wird.

Die Kontinuum-Modelle gehen von der Annahme aus, daß bei Normalbedingungen praktisch alle Moleküle durch H-Brücken miteinander verknüpft sind und somit keine unterschiedlichen Spezies mit unterscheidbaren Eigenschaften in der Gesamtmenge der Flüssigkeit vorliegen. Neuere Forschungsergebnisse, denen Informationen über das Verhalten in kürzeren Zeiträumen (10^{-7} bis 10^{-3} s) zugrunde liegen, belegen verstärkt die Richtigkeit von Mischungsmodellen (Cluster-, Zell- oder Käfig-Modelle), welche im Gegensatz zu den Kontinuum-Modellen verschiedenartige Struktureinheiten postulieren.

Wenden wir uns nochmal dem bereits vorgestellten Solvatationsmodell von Burgess zu (vgl. Abb. 1, S. 8), das die Solvatationsmodelle von Frank/Evans und Frank/Wen einschließt, so wird verständlich, daß mit steigender Elektrolytkonzentration ein sukzessiver Abbau der um die Ionen ausgebildeten Solvatationssphären erfolgt. Bei fortschreitendem Solvensentzug wird die substanzspezifische Grenze der vollständigen Solvatation [35, 72, 47] — die Anzahl der Lösungsmittelmoleküle pro Formeleinheit des Salzes entspricht der Summe der durchschnittlichen Koordinationszahlen der Ionen — überschritten und das Gebiet der hochkonzentrierten Elektrolytlösungen (Solvensmangellösungen, vgl. Tab. 2) erreicht. Hier sind die Ausbildung von Ionenassoziaten, solvensgetrennten Ionenpaaren und komplexen Spezies (wie z. B. $[Al(AN)_5Cl]^{2+}$, $[AlCl_4]^-$) zu erwarten.

Zur systematischen Betrachtung des Lösungsmitteleinflusses auf den Solvatationszustand eines Elektrolyten ist eine Klassifizierung der Lösungsmittel zweckmäßig. Das Problem der Lösungsmittelklassifizierung ist infolge der stofflichen Vielfalt und den dadurch bedingten unterschiedlichen physikalischen und chemischen Eigenschaften der Lösungsmittel sowie deren zahlreichen Verwendungsmöglichkeiten nicht universell zu lösen. Deshalb sind die für die jeweilige Zielstellung geeigneten Einteilungskriterien auszuwählen. Maßgeblich für die Betrachtung der Elektrolytlösungen sind die Säure-Base-Eigenschaften, die Fähigkeit zur Ausbildung von Wasserstoffbrückenbindungen sowie die Polarität der Solvensmoleküle. Die genannten Solvenseigenschaften (einzeln oder kombiniert) bilden die Grundlage der Klassifizierung der Lösungsmittel von Brön-

STEDT (1928) [63], DAVIES (1932) [73], KOLTHOFF (1974) [74], PARKER (1961) [75], PEARSON (1963) [76], DRAGO (1965) [28], REICHARDT (1979) [52] und DACK (1976) [47]. Für die Interpretation von Erscheinungen und Vorgänge in Elektrolytlösungen haben sich die Klassifizierungen nach KOLTHOFF und DACK bewährt (vgl. Tab. 9).

DRAGO erkannte erstmalig die Bedeutung der koordinierenden Eigenschaften der Lösungsmittel, d. h. mit den gelösten Spezies koordinative Bindungen u. a. durch elektrostatische, Ladungsüberführungs- und kovalente Bindungskräfte einzugehen und somit Elektronenpaarakzeptor-Elektronenpaardonator-Komplexe auszubilden. Gemeinsam mit MEEK [31] erarbeitete und präzisierte er bereits 1961 das Koordinationsmodell der Lösungsmittel [30, 32], das durch die folgenden Arbeiten von GUTMANN [28, 77—80], maßgeblich weiterentwickelt und bekannt wurde.

Beim Lösen eines echten Elektrolyten (M^+X^-) in einem Solvens (S) werden nach dem Koordinationsmodell folgende Teilschritte unterschieden:

1. Die koordinierenden Eigenschaften der Lösungsmittel bewirken die Bildung von Ionenassoziaten.

   $M^+X^-_{(fest)} + (x + y)\,S \rightleftharpoons [(MS_x)^+ \cdot (XS_y)^-]$

2. Der dielektrische Effekt führt zur Dissoziation der Ionenassoziate zu unabhängig voneinander beweglichen solvatisierten Ionen

   $[(MS_x)^+ \cdot (XS_y)^-] \rightleftharpoons MS_x{}^+ + XS_y{}^-$

Zur Quantifizierung der bifunktionalen Wirkungsweise der Lösungsmittel in Elektrolytlösungen sind komplementäre Parameter notwendig (2 Parametermodelle [63, 81]), wobei zur Charakterisierung der Kationensolvatation insbesondere die Donorzahlen und für die Anionensolvatation die Akzeptorzahlen [28, 56] und E_T-Werte [52] gut geeignet sind (vgl. Tab. 10).

Beim Einsatz von gemischten Lösungsmitteln (H_2O-organische Komponente) sind für binäre Elektrolyte ($M^{n+}A^{m-}$, wie $AlCl_3$, $MgCl_2$, LiCl) auch nach SCHNEIDER, STREHLOW et al. [41—44] nachstehende zwei Arten der Solvatation zu unterscheiden:

— Homoselektive Solvatation:
  Kationen und Anionen werden bevorzugt von einer Lösungsmittelkomponente solvatisiert.
— Heteroselektive Solvatation:
  Die Kationen werden von der einen und die Anionen von der anderen Lösungsmittelkomponente bevorzugt solvatisiert.

Im Vergleich zur stöchiometrischen Zusammensetzung des Solvensgemisches (H_2O-organische Komponente) kann in den Solvatationssphären der Ionen eine Komponente selektiv angereichert werden. Die Zusammensetzung, wo beide Lösungsmittelkomponenten zu gleichen Anteilen in der 1. Solvathülle eines Ions enthalten sind, wird als Äquisolvatationspunkt bezeichnet [52].

2.2. Strukturuntersuchungen an konzentrierten Elektrolytlösungen

Der Begriff Struktur von Elektrolytlösungen wird nach HERTZ [36] unter zwei verschiedenartigen Aspekten benutzt:

— Erstens bezüglich der Summe aller mikroskopischen und molekularen Eigenschaften der Salzlösungen, wozu auch das mikrodynamische Verhalten der Ionen und der

Tabelle 4

Übersicht zu den wichtigsten Untersuchungsmethoden für konzentrierte Elektrolytlösungen

Methode	Meßgröße	Strukturinformation
Chemische Analyse	Konzentration der Ionen und Lösungsmittelmoleküle	— Molverhältnisse der Komponenten der Lösung
Dichtemessung *Viskositätsmessung*	Dichte der Lösung Viskosität der Lösung	— Stärke der Wechselwirkungen
Optische Spektroskopie		
— UV	Energiedifferenz zwischen den Elektronenniveaus	— Ionen-Solvatation — Skalen der Parameter für Lösungsmittelklassifizierungen
— IR	Schwingungsfrequenzen Bandenprofil	— Solvatation — Ionenassoziation — Komplexbildung
— RAMAN	Schwingungsfrequenzen Bandenprofil Depolarisationsverhältnis	— Wasserstoffbrückenbindungen — molekulare Reorientierung
MÖSSBAUER-Spektroskopie	Isomerverschiebung Quadrupolaufspaltung	— Koordinationssphäre von MÖSSBAUER-Ionen
Dielektrische Spektroskopie	Frequenzabhängigkeit komplexer Dielektrizität, statische Dielektrizität	— molekulare Reorientierung
Ultraschallabsorption	Ultraschallabsorptionskoeffizient	— Struktur — Relaxationszeit
Streumethoden — Röntgenbeugung — Elektronenbeugung — Neutronenbeugung	Winkelverteilung der Streuintensität	— Distanzspektrum zwischen den Teilchen Solvatation, Ionenassoziation
— Röntgenfeinstruktur	Feinstruktur der Röntgen-Absorption	— Struktur von Ionensolvatationshülle
— Inelastische und quasielastische Neutronenstreuung	Energie- und Winkelverteilung der Streuintensität	— Diffusionsverhalten
Kernresonanz:		
NMR:	— gryomagnetische Verhältnisse — chemische Verschiebung — Relaxationsverhältnis	— Solvatation — Ionenassoziation — molekulare Reorientierung — Diffusion
ESR:	Elektronen g-Faktor Hyperfeinaufspaltung	— Wasserstoffbrückenbindungen — hydrophobe Wechselwirkungen

Lösungsmittelmoleküle zählt, welches durch eine Reihe von Zeitkonstanten beschrieben werden kann.

— Zweitens hinsichtlich der relativen Anordnung der Moleküle und Ionen in der Flüssigkeit, welche mittels Verteilungsfunktionen beschrieben werden, wobei der Zeitbegriff eleminiert ist.

Einen guten Überblick über die Methoden und Ergebnisse zur Charakterisierung von Elektrolytlösungen — im wesentlichen aber angewandt auf verdünnte Lösungen — vermitteln die Monographien und Übersichtsartikel von Burgess „*Metal Ions in Solution*" [18], Barthel, „*Non-Aqueous Electrolyte Solutions in Chemistry and Modern Technology*" [34], Schwabe „*Fundamentals of the Thermodynamics of Ionic Solvation*" [82], Krems „*Liquids and Solutions*" [83], Luck „*Structure of Water and Aqueous Solutions*" [84], Rotschield „*Dynamics of molecular Liquids*" [85], Tawaka, Ohtaki, Tammushi „*Ions and Molecules in Solutions*" [86], Jensen „*The Lewis Acid-Base Concepts*" [59], Gutmann „*The Donor-Acceptor Approach to Molecular Interaction*" [55], Inman, Lovering „*Ionio Liquide*" [87], Hertz „*Electrochemistry, A Reformulation of the Basis Principles*" [88] und Smedley „*The Interpretation of Ionic Conductivity in Liquids*" [89].

In zunehmendem Maße werden, um die Komplexität der Elektrolytlösungen besser zu erfassen, für Strukturdiskussionen die Ergebnisse mehrerer Methoden in Kombination eingesetzt. Einen Überblick über die für hochkonzentrierte Elektrolytlösungen relevanten Untersuchungsmethoden vermittelt Tab. 4.

Auf eine Untersuchungsmethodik sei verwiesen, die insbesondere zur Klärung kinetischer Vorgänge in Lösungen beitragen könnte. Untersuchungen der intra- und intermolekularen Wechselwirkungen in Lösungen werden bereits heute an ausgewählten stofflichen Systemen mit Hilfe der Taststrahlspektroskopie im Pikosekundenbereich durchgeführt [90]. Diese Methode gestattet für Lösungen Aussagen z. B. zu Orientierungsrelaxationen, Diffusionsprozessen Käfigeffekten und Aggregatbildungen zu treffen. Für die Untersuchung der statischen und dynamischen Struktur der kondensierten Materie in mikroskopischen Bereichen von Raum ($10^{-12} \cdots 10^{-7}$ m) und Zeit (10^{-14} bis 10^{-8} s) sind die Raman/IR-Spektroskopie, die Streumethoden und insbesondere die Kernresonanz als leistungsfähig und zukunftsträchtig einzuschätzen, weshalb wir diese drei Methoden ausführlicher betrachten werden.

2.2.1. Kernresonanzuntersuchungen

Die magnetische Kernresonanzspektroskopie hat sich in jüngster Zeit zu einer leistungsfähigen Methode zur Untersuchung der Struktur von Elektrolytlösungen entwickelt. War es anfänglich mittels der ^{1}H-NMR möglich, die chemische Verschiebung und die Relaxationszeit der Lösungsmittelprotonen bei Zugabe von Elektrolyten temperaturabhängig zu messen [36, 91] und u. a. die Dissoziation von Säuren zu erfassen, so konnte durch die Einführung der Fourier-Transform-Technik der Bereich der Anwendung dieser Methode wesentlich erweitert werden. Heute sind die NMR-Signale der für die meisten Lösungsmittelmoleküle signifikanten Isotope (^{13}C, ^{15}N, ^{17}O, ^{19}F, ^{31}P) meßbar. Für das Studium der Solvatationssphären um die Ionenresonanzen ausgezeichnet sensitiv (vgl. Tab. 5).

Zur Beschreibung der translatorischen und rotatorischen Diffusionsbewegung der in Lösung existenten Spezies (Moleküle, Ionen) dienen die Korrelationszeiten, welche in der Theorie der molekularen Bewegung durch verschiedene Korrelationsfunktionen

Tabelle 5

Beispiele für gelöste Nuklide [18] für NMR-Untersuchungen

^{7}Li	^{9}Be			
^{23}Na	^{25}Mg	^{27}Al		
^{39}K		^{45}Sc		
^{85}Rb, ^{87}Rb	^{87}Sr			
^{133}Cs		^{139}La		
		^{69}Ga, ^{71}Ga		
	^{113}Cd	^{115}In	^{119}Sn	
	^{199}Hs	^{203}Ti, ^{205}Ti	^{207}Pb	
^{47}Ti, ^{49}Ti	^{51}V	^{59}Co		^{63}Cu
				^{109}Ag

definiert sind [86]. Durch Verknüpfung der Korrelationsfunktionen mit den Kernrelaxationszeiten T_1 und T_2 wurde die experimentelle Basis zur Überprüfung von theoretischen Modellvorstellungen geschaffen. Die wesentlichen Beiträge hierzu leisteten Strehlow [93] und Hertz [93, 36].

Bereits 1977 wurde von Weingärtner und Hertz [37] auf der Grundlage von Kernrelaxationserscheinungen durch Quadrupol-Wechselwirkungen von Ionenkernen ein Solvatationsmodell entwickelt, dem die drei Grenzzustände der Solvatation inhärent sind:

FRD (*F*ully *R*andom *D*istribution)-Modell;
NOS (*N*on-*O*rientated *S*olvation)-Modell und
FOS (*F*ully-*O*rientated *S*olvation)-Modell.

Mit Hilfe der radialen Ion-Lösungsmittel-Paarverteilungsfunktion und durch Berücksichtigung der Dipolorientierung der Lösungsmittelmoleküle um das Ion können sowohl die Grenzzustände zwanglos ineinander überführt werden als auch die gewiß die Realität besser beschreibenden Zwischenzustände charakterisiert werden. Durch die ständige Weiterentwicklung von mikrodynamischen Solvatationsmodellen, basierend auf den ersten Vorstellungen von Samoilov [35], der gemäß der Wirkung der Ionen auf die Translationsbewegung der den Ionen nächstgelegenen Wassermoleküle, die praktikable Einteilung in „Strukturbildner" und „Strukturbrecher" definierte, ist es heute möglich, an ausgewählten Systemen [38—40] die vollständige Ion-Lösungsmittel- bzw. Ion-Ion-Begegnungskonfiguration zu ermitteln, d. h. die Umgebung von Ionen sowohl mikrodynamisch als auch strukturell eindeutig zu charakterisieren.

Die z. Z. vorliegenden mathematisch-physikalischen Beschreibungen an ausgewählten Systemen erfassen das Gebiet der Solvensmangel-Lösungen nicht. Ihre Anwendung bedingt außerdem einen hohen Grad an Spezialkenntnissen.

2.2.2. Streumethoden

NMR-Messungen [95] und dielektrische Untersuchungen [96] besitzen den Nachteil, daß die Meßgrößen (Linienaufspaltung oder Dielektrizitätszahl) erst nach dem Einwirken äußerer elektrischer Felder auf die Lösung erhalten werden. Der Ausrichtungsgrad der Spezies ist abhängig von Orientierungskorrelationen und den nicht eindeutig bestimmbaren Faktoren „elektrisches Feld und Dipolmoment" in der Probe [97]. Deshalb sollten Informationen über statische Korrelationen nur aus statischen Meßgrößen ermittelt werden, welche zuverlässig aus den Streuexperimenten, d. h. aus Röntgen- (XD), Neutronen- (ND) und Elektronen- (ED) -Diffraktion ableitbar sind. Anhand von XD, ED und ND erhält man Distanzspektren von Elektrolytlösungen, die auf Grund der unterschiedlichen Streuzentren der Methoden die Kombination erfordern. Die Röntgenstrahlen (wie die Lichtstrahlen) werden an den Elektronenhüllen der Atome, Elektronen an Kerne sowie Elektronen und Neutronen nur an den Atomkernen gestreut. Deshalb haben die Streufaktoren der Atome verschiedene Größen für die jeweiligen Streuexperimente. Im Falle der Röntgenbeugung (und ähnlich bei der ED) nehmen die Streufaktoren systematisch mit der Anzahl der Elektronen der Atome oder Ionen zu; die Positionen von Wasserstoffatomen lassen sich aus diesen Gründen nicht erfassen. Die ND ist die einzige Beugungstechnik zur Bestimmung der Positionen von Wasserstoffatomen in Lösungen. Basierend auf ND- [98—101] sowie XD- und ND-Messungen in Kombinationen [100] wurden z. B. die von der jeweiligen Elektrolytkonzentration und dem Gegenion abhängigen Solvatationszahlen für Li^+ (vgl. Tab. 7, S. 22) ermittelt.

Einen grundlegenden und umfassenden Überblick zu den an wäßrigen Elektrolytlösungen durchgeführten XD-Untersuchungen geben Palinkas und Kalman [102]. Die Anwendung der ED-Methode in Kombination mit anderen Techniken (u. a. Raman-Untersuchungen) wird für Elektrolytlösungen erstmalig in zwei Publikationen [103, 104] beschrieben.

2.2.3. Raman- und IR-Untersuchungen

Raman- und IR-Spektroskopie sind zwei auf sinnvolle Weise sich ergänzende Methoden, da die Schwingungsbilder der Raman-Spektren auf den Änderungen der Polarisierbarkeit der Teilchen beruhen und die IR-Absorptionen die Änderungen des Dipolmomentes bei der Schwingung zur Voraussetzung haben. Strukturdiskussionen basieren auf den Frequenzen, Intensitäten und Bandenprofilen der Schwingungen.

Solvatationseffekte von mehrwertigen Kationen in Gemischen von organischen Lösungsmitteln mit Wasser wurden anhand von IR-spektroskopischen Untersuchungen des OH-Schwingungsgebietes (3200···3600 cm^{-1}) beschrieben [105]. Zahlreiche IR/Raman-Arbeiten zur Solvatation von Kationen in organischen Lösungsmitteln, z. B. in Acetonitril [106—114], Dimethylsulfoxid [106, 115—117], Methanol [118] und Formamid [119, 120], zeigen, daß durch die Ausbildung von solvatisierten Ionen signifikante Schwingungen der Lösungsmittelmoleküle frequenzverschoben zu beobachten sind (z. B. $\vartheta_{C\equiv N}$ für CH_3CN = 2254 cm^{-1} – für $CH_3CN \ldots Ag^+$ = 2270 cm^{-1} [121]). Tutschku [122] verfolgte bei perchlorathaltigen Lösungen den Abbau der Valenzschwingung $CH_3CN \ldots M^{2+}$ (u. a. Li^+, Mg^{2+}) bei Zugabe von kleinen Wassermengen in Abhängigkeit von der Elektrolytkonzentration. Die Ergebnisse zeigen, daß die Kationen selektiv hydratisiert werden.

Vergleichende Messungen an $Ba(ClO_4)_2$-H_2O-AN-Lösungen mittels IR- [123] und Raman-Technik [124] belegen, daß zum Studium von Solvatationsverhältnissen die Raman-Methode die leistungsfähigere ist, wofür auch unsere Erfahrungen sprechen. So war im Raman-Spektrum die $CH_3CN \ldots Ba^{2+}$-Wechselwirkung als Schulter im Bereich der $\vartheta_{C\equiv N}$-Schwingung bei 2766 cm^{-1} (0,5 m $Ba(ClO_4)_2$-AN-Lösung) noch erkennbar im IR-Spektrum jedoch keine Zuordnung mehr möglich.

Die Größe der Verschiebung wird wesentlich durch die Eigenschaften des Kations bestimmt. So belegen z. B. die IR-spektroskopischen Resultate an Perchloraten von Li^+, Na^+ und Mg^{2+} in wasserfreiem DMSO, daß die Größe der hochfrequenten Verschiebung von ϑ_{SO} von der Ladungsdichte der Kationen (Na^+ — 6 cm^{-1}, Li^+ — 9 cm^{-1}, Mg^{2+} — 16 cm^{-1}) aber nicht von der Konzentration abhängig ist [124].

Die vorliegenden Literaturquellen beziehen sich größtenteils auf binäre Elektrolytlösungen, wobei mit wenigen Ausnahmen verdünnte Lösungen untersucht wurden. Nachstehendes Beispiel demonstriert, daß die Literaturangaben selbst zu den binären Systemen widersprüchlich sind.

Anhand von IR-Untersuchungen am System Li^+-DMF stellten LASSIGNE und BAINE [125] fest, daß das Li^+-Kation an den Carbonylsauerstoff des DMF koordiniert ist und in der Lösung der Solvatkomplex $[Li(DMF)_4]^+$ vorliegt, wofür auch NMR-Messungen sprechen. Gleichfalls berichten WAGHORNE und RUBALCAVA [126], abgeleitet aus IR-spektroskopischen Messungen, daß im Falle von $Al(ClO_4)_3$-DMF d_7-Lösungen die Komplexbildung über den Carbonylsauerstoff erfolgt. Zum gleichen Ergebnis gelangten FUSSENEGGER et al. [127] bei einer Reihe von Alkali- und Erdalkalimetallionen in verdünnten DMF-H_2O-Lösungen. Die IR-spektroskopisch festgestellte Frequenzerniedrigung von ϑ_{CO} ordnen sie dem Kationeneinfluß zu. Im Gegensatz hierzu berichtet BUKOWSKA [128] anhand von IR/RAMAN-Untersuchungen an Lösungen von $NaClO_4$, NaBr, $LiClO_4$ und LiBr in DMF im Konzentrationsbereich von $n_{DMF}:n_{Salz} = 10:4,3$, daß die ϑ_{CO} im Vergleich zum DMF hochfrequent verschoben ist. Für die bei $n_{Li^+}:n_{DMF} = 1:4$ noch beachtliche Menge nichtkoordinativ gebundenes DMF wurde als Erklärung angeführt, daß die Kationen zwischen den Amid-Molekülen statisch verteilt vorliegen, wodurch ein DMF-Molekül mit zwei Li^+-Kationen (über O und N) in Wechselwirkung tritt, wobei die Anlagerung des Kations an den Stickstoff der Amidgruppe in der vorliegenden Arbeit nicht bewiesen wurde.

Resultate von systematischen Untersuchungen an hochkonzentrierten Lösungen des Typs Salz ($AlCl_3$, $MgCl_2$, LiCl)-H_2O-organische Komponente sind uns bislang nicht bekannt.

2.3. *Zur Solvatation der Ionen* Al^{3+}, Mg^{2+}, Li^+ *und* Cl^-

Die folgenden Betrachtungen für hochkonzentrierte Elektrolytlösungen sollen im Hinblick auf die experimentellen Untersuchungen beispielhaft anhand der ausgewählten Salze Aluminium(III)-chlorid, Magnesiumchlorid und Lithiumchlorid vorgenommen werden, wobei im Mittelpunkt Fragen der Solvatation, Desolvatation und Umsolvatation stehen.

Für die Klärung des Solvatationsgeschehens sind Kenntnisse der sogenannten Solvatationszahlen von besonderer Bedeutung. Der Begriff der Solvatationszahl wird in der Literatur nicht einheitlich gebraucht. Je nach angewendeter Bestimmungsmethode sind für die Ionen unterschiedliche Angaben vorzufinden. Deshalb können vergleichende Betrachtungen immer nur im Zusammenhang mit den zugrundeliegenden Bestimmungsmethoden vorgenommen werden. Für die Kationen Li^+, Mg^{2+}, Al^{3+} wird dieser Sachverhalt in Tab. 6 am Beispiel der Bestimmung von Hydratationszahlen aufgezeigt.

Aus Beugungsuntersuchungen an verdünnten wäßrigen $AlCl_3$-Lösungen ist bekannt, daß das Al^{3+}-Kation von sechs Wassermolekülen in der ersten Koordinationssphäre umgeben ist [102, 142]. Zwölf weitere H_2O-Moleküle sind über H-Brückenbindungen in der zweiten Koordinationssphäre koordiniert, wobei mit steigender $AlCl_3$-Konzentration

Tabelle 6

Beispiele für Hydratationszahlen der Kationen (Li^{+}, Mg^{2+}, Al^{3+}) in Abhängigkeit von der Bestimmungsmethode

Methode	Li^{+}	Mg^{2+}	Al^{3+}
Überführungszahlen	22 [129] 13—14 [129, 131]	12—14 [129]	
Beweglichkeit	3, 5—7 [132]	10, 5—13 [132]	
Leitfähigkeit a)	7,0 [133], 14 [134], 21 [135]	12 [136]	
b)	2—3 [137]	8 [137]	11 [137]
Diffusion	5 [138]	9 [138]	13 [138]
Kompressibilität	2,7 [139]	7,0 [139]	31 [138, 140]
Entropie	5 [132]	13 [132]	21 [132]
NMR	3,4—5,0 [140]	6 [141]	6 [141]

a) berechnet mit Stokes-Radien
b) Gusev-Methode

ein zunehmender Anteil der kationisch-koordinativ gebundenen Wassermoleküle auch zur Hydratation der Chloridionen dient. Raman-Untersuchungen belegen ebenfalls die Existenz des $[Al(H_2O)_6]^{3+}$-Kations [143]. Durch eine Vielzahl NMR-spektroskopischer Methoden (^1H, ^{15}N, ^1O) wurde die Koordinationszahl 6 für das Al^{3+}-Kation sowohl in einer großen Anzahl organischer Lösungsmittel als auch in Lösungsmittelgemischen nachgewiesen [18, 144].

Auch für das Chloridion wurde sowohl in den $AlCl_3$-Lösungen als auch in anderen chloridhaltigen wäßrigen Systemen die Koordinationszahl 6 ermittelt.

Untersuchungen mittels Beugungsmethoden von Dorosh und Skryshevski [145], Albright [146], Alves Marques und de Barros Marques [147] und Caminiti et al. [148], anhand NMR-spektroskopischer Messungen von Matwiyoff und Taube [149] und Akitt [150] sowie inelastische Neutronenstreuung [151] belegen eindeutig die Existenz des $[Mg(H_2O)_6]^{2+}$-Ions in wäßrigen Lösungen.

In Tab. 7 sind Solvatationszahlen für Li^{+} von Lösungen verschiedener Konzentration und in Gegenwart verschiedener Halogenidionen zusammengestellt.

Barthel [153] führt für das Li^{+}-Kation die Solvatationszahlen (5 ± 1) für Wasser, Methanol, Ethanol, Formamid; 3,5 für N.N-Dimethylformamid und ($4 \pm 0{,}5$) für Dimethylsulfoxid als z. T. Mittelwerte aus verschiedenen Methoden an. Der Trend, daß sterisch größere Liganden (wie DMSO) kleinere Solvatationszahlen bedingen, kann analog für Na^{+}, K^{+} und Rb^{+} festgestellt werden.

Diese Beispiele belegen, daß

— die Solvatationszahl nur bedingt eine Einzelioneneigenschaft ist,
— in Gegenwart großer Anionen die Solvatationszahl des Kations sich erhöhen kann,

Tabelle 7

Anzahl von Wassermolekülen in der 1. Solvatationssphäre des Li^+-Ions [152, 102]

Lösung	c (mol Salz/1000 g H_2O)	Koordinationszahl	Methode
LiCl	6,9	4	Röntgen- und Neutronen-
	13,9	4	beugung
LiCl	2	4	Röntgenbeugung
	4		
LiCl	9,95	$3{,}3 \pm 0{,}5$	Neutronenbeugung
	3,57	$5{,}5 \pm 0{,}3$	
LiCl	$LiCl \cdot 8\,H_2O$	4	Röntgen- und Neutronen-
	$LiCl \cdot 4\,H_2O$	4	beugung
	$LiCl \cdot 3\,H_2O$	4	
LiBr	2,1	4 (6)	Röntgenbeugung
	4,5	4 (6)	
	5,6	4 (6)	
LiI	2,2	$6{,}1 \pm 0{,}2$	Molekular-Dynamik

Tabelle 8

Modelle für die Anzahl von Wassermolekülen um Mg^{2+}- und Cl^--Ionen

Modelle	Mg^{2+}			Cl^- $2 \cdot 10^3$ a)
	1. Sphäre	2. Sphäre	1. Sphäre	δ
A	6	12	6	4,6 (4,3)
B	6	12	8	5,2
C	6	12	N	6,0
D	6	0	6	5,6

a) δ^2 Größe zur Beurteilung der besten Anpassung zwischen Experiment und Modellierung (vgl. [154])

— sterisch bedingt bei großen Liganden (DMF, DMSO) sich weniger Solvensmoleküle in der 1. Koordinationssphäre befinden.

Die anhand von molekular-dynamischen(MD)-Studien und Röntgenbeugungsexperimenten an einer 1,1 molalen $MgCl_2$-Lösung von Palinkas et al. [154] getroffenen Strukturaussagen verdienen besondere Beachtung. Ein Vergleich der in Tab. 8 aufgeführten Solvatationsmodelle zeigte, daß die beste Übereinstimmung zwischen den experimentell erhaltenen radialen Verteilungsfunktionen und den berechneten im Fall A gegebene ist.

Mittels MD-Simulation der Wasserpositionen um die Koordinationszentren bei 300 verschiedenen Zeiten wurde die Wahrscheinlichkeit für die oktaedrische Konfiguration der Hydrathülle um Mg^{2+} und Cl^- sowie für eine tetraedrische um ein Wassermolekül ermittelt [154].

Die Grafik (Abb. 2) verdeutlicht, daß die Wahrscheinlichkeit, alle sechs Wassermoleküle der primären Solvathülle auf regulären Oktaederplätzen vorzufinden, für das Mg^{2+}-Kation $\sim$ 60% beträgt — das Cl^{-}-Ion aber nur mit einer Wahrscheinlichkeit von 1% gleichzeitig im Kontakt mit 6 Wassermolekülen sich befindet. Am häufigsten sind für das Cl^{-} die Konfigurationen, bei denen zwei oder drei H_2O-Moleküle gleichzeitig Oktaederplätze besetzen. Da mit zunehmender Konzentration eine weitere Abnahme des

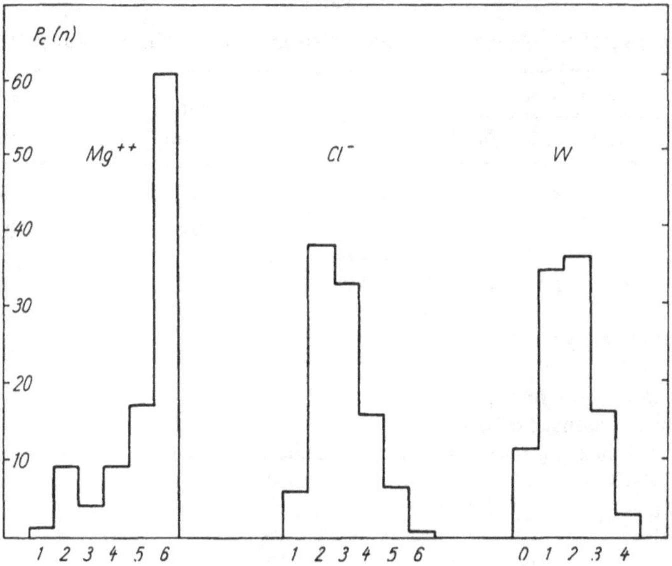

Abb. 2: Wahrscheinlichkeit in % für die Anzahl von Wassermolekülen auf Oktaederplätzen um Mg^{2+} und Cl^{-} und auf Tetraederplätzen bezüglich eines Wassermoleküls als Koordinationszentrum

Verhältnisses Anzahl der Liganden/Koordinationszentren (Ionen, Moleküle) zwangsläufig gegeben ist, wir anhand von spektroskopischen Methoden, welche immer auf einen längeren Beobachtungszeitraum basieren, aber dennoch die KZ 6 für Mg^{2+} indiziert bekommen, ist anzunehmen, daß mit steigender Konzentration die Wahrscheinlichkeit noch sinkt, in der Momentaufnahme gleichzeitig sechs H_2O-Moleküle auf Oktaederplätzen vorzufinden.

Diese Ergebnisse sprechen dafür, daß auch in den hochkonzentrierten Lösungen die von den ionischen Schmelzen bekannte Eigenschaft des Vorhandenseins von „quasi Leervolumina" partiell erhalten bleibt. Die Wahrscheinlichkeit des Auftretens von unbesetzten Koordinationsplätzen um die Ionen sollte von der Ladungsdichte, den Bindungskräften der konkurrierenden Koordinationszentren (Ionen und Moleküle) und von der Geschwindigkeit (Kinetik) der Platzwechselvorgänge beeinflußt werden. Zur Beschreibung des Solvatationsgeschehens ist die Solvatationszahl, die als integrale Größe durch Erfassen von Objektmengen in z. T. größeren Zeiträumen ermittelt wird, nicht hinreichend. Weitere Ergebnisse zur Wahrscheinlichkeit der Besetzung von Koordinationsstellen um die Zentren sind besonders hinsichtlich der hochkonzentrierten Lösungen von immensem Interesse.

Der Ionenradius ist für den Koordinationschemiker eine Basisgröße seines räumlichen Denkens. Anhand der bisher in der Literatur vorliegenden Daten von Neutronendiffraktions- und Röntgendiffraktionsuntersuchungen sowie Monte Carlo- und molekulardynamischen Berechnungen ermittelte MARCUS [155] von 29 Kationen, den Halogenen sowie NO_3^- und SO_4^{2-} die wäßrigen Ionenradien.

In Tab. 9 sind die Daten für Li^+, Mg^{2+}, Al^{3+} und Cl^- aufgeführt im Vergleich zu den GOLDSCHMIDT- und PAULING-Radien.

Tabelle 9

Ausgangsgrößen, berechnete Ionenradien in Wasser, Kristallradien [155]

Ion	Anzahl der Daten				d [5])	r_{aq}	r_G [6])	r_P [7])
	ND[1])	XD[2])	MC[3])	MD[4])	(nm)	(nm)	(nm)	(nm)
Li^+	3	8	2	3	0,207 ± 0,005	0,068 ± 0,006	0,078	0,060
Mg^{2+}		4			0,211 ± 0,001	0,072 ± 0,002	0,078	0,065
Al^{3+}		3			0,188 ± 0,001	0,049 ± 0,002	0,057	0,050
Cl^-	11	21	1	6	0,312 ± 0,002	0,183 ± 0,003	0,181	0,181

[1]) ND-Neutronendiffraktion
[2]) XD = Röntgendiffraktion
[3]) MC = Monte Carlo-Berechnung
[4]) MD = Molekulardynamische Berechnung
[5]) d = Abstand zwischen Zentrum des Ions und Zentrum des nächsten H_2O-Moleküls
[6]) GOLDSCHMIDT-Radius
[7]) PAULING-Radius

2.4. Mögliche Aussagen über koordinationschemische Vorgänge anhand der Untersuchungen der Phasengleichgewichte Festkörper/Lösung

Der Solvatationszustand der Ionen eines gelösten Elektrolyten besitzt bekannterweise einen maßgeblichen Einfluß auf

- die Löslichkeit,
- die Zusammensetzung und Struktur der mit der gesättigten Lösung im Gleichgewicht stehenden Festkörper,
- die Existenzbereiche und Umwandlungspunkte der Bodenkörper,
- die Viskositäten, Dichten, Leitfähigkeiten u. a. makroskopischen Eigenschaften der Lösung.

Der Einfluß des Solvatationszustandes eines Elektrolyten auf dessen Löslichkeitsverhalten ist unbestritten. Umgekehrt können Löslichkeitsdaten wichtige Hinweise auf mögliche oder wahrscheinliche Lösungsstrukturen liefern. Obwohl einschränkend festzustellen ist, daß eine derartige Interpretation von Löslichkeitsdaten nur bei Elektrolytlösungen mit sehr hohen Salzkonzentrationen erfolgen kann, lassen sich ausgehend von den ternären Systemen des Typs *Salz-Wasser*-organisches *Lösungsmittel* durch folgende Vorgehensweise brauchbare Aussagen über mögliche Solvatationszustände und zwischenmolekulare Wechselwirkungen erhalten:

- Berechnung der Molzahlverhältnisse n_{H_2O}/n_{Salz} und $n_{org.LM}/n_{Salz}$ zur Eingrenzung einer möglichen und wahrscheinlichen Solvatation.

— Betrachtung des Einflusses der Konzentration des organischen Lösungsmittels sowie seiner Donor- und Akzeptoreigenschaften auf die Zusammensetzung und Struktur der Bodenkörper zur Ableitung von Aussagen über auftretende Lösungsstrukturen (z. B. gemischte Solvatkomplexe oder Autokomplexbildung).
— Zusammenfassung derjenigen organischen Lösungsmittel in Gruppen, die einen ähnlichen Einfluß auf die Löslichkeit des betrachteten Elektrolyten ausüben.
— Betrachtung des Einflusses auf Entmischungserscheinungen zur Ableitung von Aussagen über die auswählende Solvatation.

Durch die Interpretation von Phasengleichgewichten ist natürlich ein direkter Nachweis von Lösungsstrukturen nicht möglich. Hierfür müssen in erster Linie Ergebnisse spektroskopischer Untersuchungen (z. B. NMR- oder RAMAN-Spektroskopie) wie bereits dargelegt herangezogen werden.

2.5. *Über das Verhalten von* $AlCl_3$, $MgCl_2$ *und* LiCl *in Wasser, nichtwäßrigen und gemischten Lösungsmitteln*

Aus dem umfangreichen Schrifttum zu den binären Randsystemen Salz-Wasser, Salz-organisches Lösungsmittel und Wasser-organisches Lösungsmittel können im folgenden nur eine Auswahl der wesentlichen Arbeiten und Hinweise zu bereits vorliegenden Literaturübersichten und Datensammlungen aufgeführt werden.

2.5.1. Die binären Randsysteme

— Salze ($AlCl_3$, $MgCl_2$, LiCl)-Wasser:

Die Lösungsgleichgewichte der Systeme Salz-Wasser sind hinreichend aus den Sammelwerken von D'ANS [156], ZDANOVSKI [157], LINKE [158], KOGAN [159], FREIER [160] und BROUL [161] bekannt. Ausführliche Wertungen des experimentellen Datenmaterials wurden von HOLLDORF [162], JANNECK [45], MAY [163], LIEBMANN [164] u. a. vorgenommen. In dem unsere Untersuchungen betreffenden Temperaturbereich von 293 K bis 373 K sind die Salzhydrate $LiCl \cdot H_2O$, $MgCl_2 \cdot 6H_2O$ und $AlCl_3 \cdot 6H_2O$ die stabilen Bodenkörper.

— Salze($AlCl_3$, $MgCl_2$, LiCl)-organische Lösungsmittel:

Allgemeingültige Grundlagenkenntnisse zur Chemie sowohl protonischer als auch protonenfreier nichtwäßriger Lösungsmittel werden in den Monographien von WADDINGTON [165] „*Nichtwäßrige Lösungsmittel*", FIALKOV [166] „*Nicht nur im Wasser*" und GUTMANN [28] „*Coordination Chemistry in Non-Aqueous Solutions*" vermittelt.

Die in jüngster Zeit erschienenen Übersichtsartikel von BARTHEL [34, 153] geben einen umfassenden Überblick zu thermodynamischen Eigenschaften, Transporteigenschaften, spektroskopischen und Relaxationsmethoden sowie der technischen Nutzung und Anwendungsforschung von nichtwäßrigen Elektrolytlösungen. Ausführliche Literaturübersichten zu den Untersuchungen an binären Systemen $AlCl_3$-organische Komponente [45], $MgCl_2$-organische Komponente [163] sind in den vorliegenden Graduierungsarbeiten aufgeführt, weshalb nur auf einige wesentliche Ergebnisse nochmals verwiesen sei.

Die wasserfreien $AlCl_3$-Alkohol- [45] und $MgCl_2$-Alkohol-Lösungen [164] sind am ausführlichsten untersucht.

Endgültige Aussagen bezüglich der offensichtlich konzentrationsabhängigen Solvatationsverhältnisse sind anhand der vorliegenden Literatur nicht ableitbar. Eine ausführliche Zusammenstellung der bisherigen Untersuchungen an Aluminiumsalz-Alkohol-Lösungen wird von WAWER [167] gegeben. Die in der Literatur vertretenen Meinungen über die Solvatationszahlen und die Bildung von Chlorokomplexen sind widersprüchlich.

Die wasserfreien Lösungen der Salze in aprotischen Lösungsmitteln sind in den 70er und 80er Jahren sehr umfangreich unter den Aspekten

- katalytische Aktivität der wasserfreien Salze und die diesbezügliche Anwendung in der organischen Synthesechemie,
- Einsatz von aprotischen Elektrolytlösungen in Batteriesystemen,
- Anwendung als Medium zur elektrolytischen Abscheidung von Metallen (vorrangig Aluminium)

bearbeitet worden.

So untersuchten KÖLLING [168] und ECKERT [169] ausführlich die Eignung von wasserfreien Elektrolyten zur elektrolytischen Metallabscheidung.

Weitgehend bekannt sind die in $AlCl_3$-THF-Lösungen vorliegende Spezies. Basierend auf Leitfähigkeitsmessungen [170, 171], polarographischen [172], ^{27}Al-NMR-Untersuchungen [173, 174] und IR-RAMAN-spektroskopischen Ergebnissen [174] wurden folgende Teilchen nachgewiesen: $AlCl_3 \cdot THF$, $AlCl_3 \cdot 2THF$ sowie geringe Anteile Al_2Cl_6, $[AlCl_2(THF)_4]^+$, $[AlCl_4]^-$. Das bekannte Produkt $AlCl_3 \cdot THF$ ist ein typisches molekulares Addukt. Das feste Solvat der Stöchiometrie $AlCl_3 \cdot 2THF$ ist dahingehend von ionischem Charakter und exakt als $[AlCl_2(THF)_4][AlCl_4]$ zu formulieren [175].

In den wasserfreien Lösungen von $AlCl_3$ in Acetonitril besteht nach neueren Erkenntnissen neben dem einzigen komplexen Anion $[AlCl_4]^-$ ein Gleichgewicht zwischen verschiedenen kationischen Komplexen, wobei die dominierenden Spezies $[AlCl(AN)_5]^{2+}$, cis-$[AlCl_2(AN)_4]^+$, trans-$[AlCl_2(AN)_4]^+$ und $[Al(AN)_6]^{3+}$ sind [176]. Anhand von Kernresonanzuntersuchungen wollen DALIBART et al. (1982) einen weiteren Komplex, das $[Al(AN)_5]^{3+}$-Ion, nachgewiesen haben [177].

— Organische Komponente-Wasser:

Wasser ist in jedem Verhältnis mit dem zum Studium der Solvatationsprozesse von uns ausgewählten organischen Lösungsmitteln (Methanol, Ethanol, Propanol, Glycerol, Ethylenglycol, Tetrahydrofuran, 1.4-Dioxan, Aceton, Acetonitril, Dimethylformamid und Dimethylsulfoxid) mischbar. Zur Charakterisierung der Wechselwirkungen zwischen den Wassermolekülen einerseits und den Molekülen der organischen Komponenten andererseits werden verschiedene, in einschlägigen Tabellenbüchern erfaßte makroskopische-physikalische Kenndaten der Gemische (z. B. Dichte, Viskosität, Dielektrizitätskonstante, Brechungsindex) und ihre Exzeßgrößen herangezogen. Inwieweit aus den Extrema der Kurvenverläufe entsprechenden Stöchiometrieverhältnissen der beiden Komponenten Rückschlüsse auf die Zusammensetzung von in den Lösungen befindlichen Addukten, Assoziaten oder Komplexen berechtigt sind, ist fragwürdig.

Sehr wertvolle Kennzahlen zur Beschreibung von Solvatationseigenschaften der Lösungsmittel sind die von GUTMANN [28, 56] eingeführten Donor- und Akzeptorzahlen sowie die erstmals von DIMROTH und REICHARDT [52] beschriebenen E_T-Werte, da bekannterweise die Donorzahlen zur Erklärung der Kationensolvatation und die Akzeptorzahlen und E_T-Werte als komplementäre Größen zur Charakterisierung des Anionensolcatationsvermögens geeignet sind. Wesentliche Kenngrößen der in der vorliegenden Arbeit benutzten Lösungsmittel beinhaltet die Tabelle 10.

Tabelle 10

Eigenschaften der organischen Lösungsmittel [34] (Einteilung nach der Klassifizierung von KOLTHOFF)

Lösungsmittel	Schmelzpunkt (°C)	Siedepunkt (°C)	ε	η (mPa · s)	ϱ (10^{+3} kgm^{-3})	DN $\frac{4{,}1868\ \text{kJ}}{\text{mol}}$	E_T $\frac{4{,}1868\ \text{kJ}}{\text{mol}}$	AN
Aa Amphiprotisch neutrale:								
Methanol	−97,68	64,515	32,63	0,542	0,7863	19,1	55,5	41,5
Ethanol	−114,15	78,293	24,35	1,087	0,7849	19,6	51,9	37,9
1-Propanol	−126,2	97,151	20,33	1,968	0,7995		50,7	37,3
Ethylenglycol (Ethan-1,2-diol)	−13	197,3	40,8	16,6	1,1095		56,3	42,8
Glycerol	18,18	290,0	42,5	945	1,2551			44,3
Ab Amphiprotisch protogene:								
Essigsäure	16,66	117,90	6,20 (20 °C)	1,135	1,0436		51,2	52,9
Ac Amphiprotisch protophile:								
Formamid	2,5	218	109	3,30	1,129	24	56,6	39,8
Ba Aprotisch inerte:								
1.4-Dioxan	11,80	101,32	2,21	1,204	1,02805	14,8	36,0	10,8
Tetrahydrofuran	−108,5	65,96	7,43	0,459	0,8819	20,0	37,4	8,0
Bb Aprotisch protophobe:								
Acetonitril	−48,835	81,60	35,95	0,341	0,7767	14,1	46,0	18,9
Aceton	−94,7	56,29	20,56	0,303	0,7843	17,0	42,2	12,5
Bc Aprotisch protophile:								
N,N-Dimethylformamid	−60,44	153,0	36,71	0,7939	0,9438	26,6	43,8	16,0
N,N-Dimethylacetamid	−20	166,1	37,78	0,927	0,9350	27,8	43,7	13,6
Dimethylsulfoxid	18,54	189,0	46,5	1,992	1,0955	28,8	45,0	19,3

2.5.2. Die ternären Systeme Salz-Wasser-organische Komponente

Einen stofflichen Überblick der für die vorliegende Arbeit relevanten Systeme vermittelt Tab. 10. Die heterogenen Löslichkeitsgleichgewichte, Bodenkörperparagenesen, kinematischen Viskositäten und Dichten der aufgeführten aluminiumchloridhaltigen Systeme bei 298 K (für $AlCl_3$-H_2O-DMSO auch bei 323 K und 348 K) wurden von JANNECK [45] bestimmt. Die Löslichkeiten von $AlCl_3 \cdot 6\,H_2O$ in wäßrigen Salzsäurelösungen sind aus [162] entnommen. Publiziert waren die Löslichkeiten von $AlCl_3$ (sowie für die Al-, Mg-, Li-Perchlorate) in N-Methylacetamid-Gemischen [178].

Das in der Literatur vorliegende zahlreiche Datenmaterial von Löslichkeitsuntersuchungen an ternären Systemen des Typs *Salz-Wasser*-organisches *Lösungsmittel* wurde unter dem Aspekt der Mineralsalzforschung vorrangig für die diesbezüglich relevanten

Tabelle 11

Übersicht zu den ausgewählten ternären Elektrolytsystemen (geordnet nach der KOLTHOFFschen Klassifizierung der Lösungsmittel)

LM-Klasse	Systeme mit amphiprotischen Lösungsmitteln (A)		
Aa neutral	$AlCl_3$-H_2O-Methanol	$MgCl_2$-H_2O-Methanol	LiCl-H_2O-Methanol
	$AlCl_3$-H_2O-Ethanol	$MgCl_2$-H_2O-Ethanol	LiCl-H_2O-Ethanol
	$AlCl_3$-H_2O-n-Propanol	$MgCl_2$-H_2O-n-Propanol	LiCl-H_2O-n-Propanol
	$AlCl_3$-H_2O-Ethylen-glykol	$MgCl_2$-H_2O-Ethylen-glykol	LiCl-H_2O-Ethylen-glycol
	$AlCl_3$-H_2O-Glycerol	$MgCl_2$-H_2O-Glycerol	LiCl-H_2O-Glycerol
Ab protogen	$AlCl_3$-H_2O-HCl	$MgCl_2$-H_2O-HCl	LiCl-H_2O-HCl
	$AlCl_3$-H_2O-Ameisen-säure	$MgCl_2$-H_2O-Ameisen-säure	LiCl-H_2O-Ameisen-säure
	$AlCl_3$-H_2O-Essigsäure	$MgCl_2$-H_2O-Essigsäure	LiCl-H_2O-Essigsäure
	Systeme mit aprotischen Lösungsmitteln (B)		
Ba inert	$AlCl_3$-H_2O-1.4-Dioxan	$MgCl_2$-H_2O-1.4-Dioxan	LiCl-H_2O-1.4-Dioxan
	$AlCl_3$-H_2O-THF	$MgCl_2$-H_2O-THF	LiCl-H_2O-THF
Bb protophob	$AlCl_3$-H_2O-Aceton	$MgCl_2$-H_2O-Aceton	LiCl-H_2O-Aceton
	$AlCl_3$-H_2O-Acetonitril	$MgCl_2$-H_2O-Acetonitril	LiCl-H_2O-Acetonitril
Bc protophil	$AlCl_3$-H_2O-DMF	$MgCl_2$-H_2O-DMF	LiCl-H_2O-DMF
	$AlCl_3$-H_2O-DMSO	$MgCl_2$-H_2O-DMSO	LiCl-H_2O-DMSO
	$AlCl_3$-H_2O-DMAC		

Stoffwerte im 1983 erschienenen Bd. 5 der sowjetischen Tabellenbuchreihe „*Spravocnik po rastvorimosti* ...“ von uns zusammengestellt veröffentlicht [179]. Das Buch hat die Literaturdaten der ausgewählten Systeme

— LiCl-H_2O-organische Komponente (Methanol, Ethanol, Aceton, 1.4-Dioxan, Acetonitril) und LiCl-H_2O-HCl sowie
— $MgCl_2$-H_2O-organische Komponente (Methanol, Ethanol, Propanol, Aceton, 1.4-Dioxan) und $MgCl_2$-H_2O-HCl

zum Inhalt.

Wir haben die Literaturwerte überprüft und die Löslichkeiten, Bodenkörperparagenesen, Dichten und Viskositäten der Systeme LiCl($MgCl_2$)-H_2O-organisches Lösungsmittel (Ethylenglycol, Glycerol, Ameisensäure, Essigsäure, Formamid, Acetonitril, Aceton [163], DMSO und DMF) ermittelt und präzisiert sowie durch die Binodalwerte der aceton- und acetonitrilhaltigen Elektrolytlösungen ergänzt.

3. Experimentelles

Die analytischen, präparativen und methodischen Einzelheiten wurden in unseren Publikationen [180—193] ausführlich beschrieben, weshalb im folgenden nur in Übersichtstabellen die Charakterisierung der Lösungen sowie der Bodenkörper und die angewandten spektroskopischen Methoden aufgezeigt werden (vgl. Tab. 12—14).

In zahlreichen Monographien, z. B. [156, 196, 199], sind die Grundlagenkenntnisse der heterogenen Gleichgewichte dargelegt. Für die Untersuchung stabiler Gleichgewichtsverhältnisse hat sich die isotherme Rühr- bzw. Schüttelmethode von VAN'T HOFF als exakte Methodik [162, 45] eingebürgert.

Alle Lösungen der Systeme Salz-H_2O-organisches Lösungsmittel wurden durch Auflösen der Salzhydrate, Mischsolvate und Solvate sowie der wasserfreien Salze ($AlCl_3$, $MgCl_2$, LiCl) in Mischungen verschiedener Zusammensetzung aus Wasser und organischen Lösungsmitteln hergestellt und die jeweiligen festen Phasen im Überschuß hinzugefügt.

Tabelle 12

Charakterisierung der Lösungen

Methode		Literatur
1. Chemische Komponente:		
Al^{3+}	Komplexometrische Rücktitration eines Chelaplex-III-Überschusses mit Bleinitrat, Indikator: Xylenolorange	[200, 45]
Mg^{2+}	Komplexometrische Titration mit Chelaplex-III, Indikator: Eriochromschwarz T	[201, 163]
Li^+	flammenphotometrisch (Flapho 4)	[292]
Cl^-	argentometrisch nach FAJANS oder MOHR	[202, 203, 45]
H_2O	Titration mit Karl-FISCHER-Lösung	[204, 45]
Ameisensäure Essigsäure	alkalimetrische Säurebestimmung (unter Zusatz von NaF oder NH_4F bei Gegenwart von Al^{3+})	[45]
Methanol	oximetrische Titration mit alkalischer Permanganatlösung nach STAMM	[205, 164]
Aceton	Hydroxylaminhydrochloridmethode oder gaschromatographisch	[163, 220, 180]
Dimethylsulfoxid	oxidimetrisch nach RAO	[207, 45]
2. Physikalische Konstante:		
Viskosität	UBBELOHDE Viskosimeter mit hängendem Kugelniveau	[208, 45]
Dichte	Vakuummantelpyknometer oder Digitale Präzisions-Dichtemeßeinrichtung für Flüssigkeiten und Gase, DMA 10	[209, 45]

Tabelle 13

Charakterisierung der Festkörper

Methode	Gerät	Literatur
Chemische Analyse:		vgl. Tabelle 12
Röntgenanalyse	Vertikaldiffraktometer Philips PW 1050/70 mit nachgeschaltetem Graphitmonochromator	[190]
Thermoanalytische Untersuchung	– DTA-Apparatur der Firma „Seteram" – Frankreich – Q-Derivatographen der Firma „MOM" (VR Ungarn)	[210]
Optische Untersuchung	Heiztischmikroskop „Boetius"	[210]
Mikroskopische Identifizierung	Polarisationsmikroskop Polmi A „VEB Carl Zeiss Jena"	[292, 45]
Massenspektrometrische Untersuchungen	Massenspektrometer CH 6 (Fa. Varian MAT) mit Knudsenzelle	[10]

Tabelle 14

Spektroskopische Methoden

Methode	Literatur
RAMAN-Spektroskopie	[183]
IR/NIR-Spektroskopie	
Röntgendiffraktion	[185, 102]
^{27}Al-Kernresonanz	

Infolge der heftigen, exothermen Reaktionen ($Al^{3+} > Mg^{2+} > Li^{+}$) beim Eintragen der Salze in das Lösungsmittel und die Lösungsmittelgemische, war die Verwendung der Solvate und Mischsolvate vorteilhafter als der Einsatz von wasserfreien Salzen. Um Umwandlungspunkte der Bodenkörper sowie auftretende Entmischungspunkte mit hoher Genauigkeit zu ermitteln, wurde die Bruttozusammensetzung der Ansätze durch Wägung der Ausgangskomponenten erfaßt, wodurch eine zusätzliche graphische Kontrolle der erhaltenen Löslichkeiten und der Bodenkörper möglich ist. In einem ternären System bei konstanter Temperatur liegt die Bruttozusammensetzung in einem 2-Phasengebiet immer auf der Verbindungslinie (Konnode) der beiden koexistierenden Phasen. Bei der Bildung von 3 Phasen (2 Bodenkörper + Lösung bzw. 1 Bodenkörper + 2 flüssige Phasen) wird unter isothermen Bedingungen von allen Ansätzen, deren Bruttozusammensetzung innerhalb des 3-Phasengebietes liegt, die gleiche Zusammensetzung der einzelnen Phasen erhalten, diese jedoch in unterschiedlichen Mengenverhältnissen.

4. Ergebnisse und Diskussion

Heute ist der Koordinationschemie eindeutig der Charakter einer Querschnittsdisziplin zuzuordnen, weshalb die Darstellung ihrer Ergebnisse immer in Beziehung zu anderen Disziplinen der Chemie aufzufassen ist. Die Anwendung von koordinationschemischen Betrachtungsweisen auf das vorrangig unter anorganischen und elektrochemischen Aspekten untersuchte Gebiet der konzentrierten Elektrolytlösungen war bislang nicht üblich. Erst basierend auf mannigfaltigen Strukturinformationen werden jedoch präzise Aussagen zu den koordinationschemischen Vorgängen in diesen Lösungen möglich sein. Hierfür bilden die mit konventionellen Methoden ermittelbaren makroskopischen Größen, wie z. B. Löslichkeiten, Dichten, Viskositäten (vgl. auch 2.4.), gleichzeitig die Ausgangsbasis für weitere Untersuchungen mittels moderner spektroskopischer Methoden.

4.1. Löslichkeitsuntersuchungen zum Solvatationsverhalten von LiCl, $MgCl_2$ *und* $AlCl_3$ *in gemischten Lösungsmitteln* [187, 191]

Aus koordinationschemischer Sicht war der Vergleich der Solvatation von Kationen unterschiedlicher Ladungsdichte bei Gegenwart des Chloridions in hochkonzentrierten Lösungen von Interesse. So stehen z. B. in der bei 25 °C gesättigten wäßrigen $MgCl_2$-Lösung (vgl. Tab. 2) den drei Ionen (normale Koordinationszahl Mg^{2+}, $Cl^- = 6$) nur 9,4 Moleküle Wasser zur Solvatation zur Verfügung. Wird das bifunktionelle Wasser durch z. T. monofunktionale organische Lösungsmittel sukzessive ersetzt, ergeben sich Veränderungen der Solvatationsverhältnisse, die maßgeblich auf die koordinierenden Eigenschaften der Lösungsmittel zurückzuführen sind. Deshalb erfolgt die Auswahl der für die folgenden Betrachtungen verwendeten organischen Lösungsmittel und die Diskussion ihres Einflusses auf das Löslichkeits- und Solvatationsverhalten nach der KOLTHOFFschen Lösungsmittelklassifizierung (vgl. Tab. 10 und 11).

4.1.1. Salz-Wasser-amphiprotische Lösungsmittel (Abb. 3)

In der Übereinstimmung mit den E_T-Werten und — soweit bekannt — mit den Akzeptorzahlen der Lösungsmittel (vgl. Tab. 10) nimmt innerhalb der Gruppe der von uns untersuchten Alkohole die Löslichkeit von $AlCl_3$ bzw. $MgCl_2$ oder LiCl bei jeweils konstantem Gehalt der organischen Komponenten im Solvensgemisch in der Reihenfolge n-PrOH < EtOH < MeOH < Ethylenglycol < Glycerol zu. Da die genannten empirischen Parameter vorrangig die Wechselwirkung der Lösungsmittelmoleküle mit Donatoren erfassen, ist zu vermuten, daß die Abstufung der Salz-Löslichkeit zu einem gewissen Teil durch die abnehmende Anionensolvatation bedingt ist. Bei Einsatz von mehrwertigen Alkoholen (Glycerol, Ethylenglycol) ist deutlich ein Einsatzeffekt zu erkennen, der auf die größere Anzahl an funktionellen OH-Gruppen im Solvensgemisch und auf eine Verbesserung der Solvatationsverhältnisse zurückzuführen ist. Obwohl die Säuren (HCl, Ameisensäure, Essigsäure) als amphiprotisch protogene Lösungsmittel ebenfalls hohe E_T-Werte aufweisen (Essigsäure z. B. 214,4 kJ/mol) und somit zur Anionensolvatation beitragen können, wird die Löslichkeit der Salze $AlCl_3$ (bzw. $MgCl_2$ oder LiCl) mit steigendem Gehalt an Säure im Solvensgemisch stark erniedrigt.

Die Wirkungsweise eines Säurezusatzes auf das Solvatationsgeschehen ist ein noch offenes Problem:

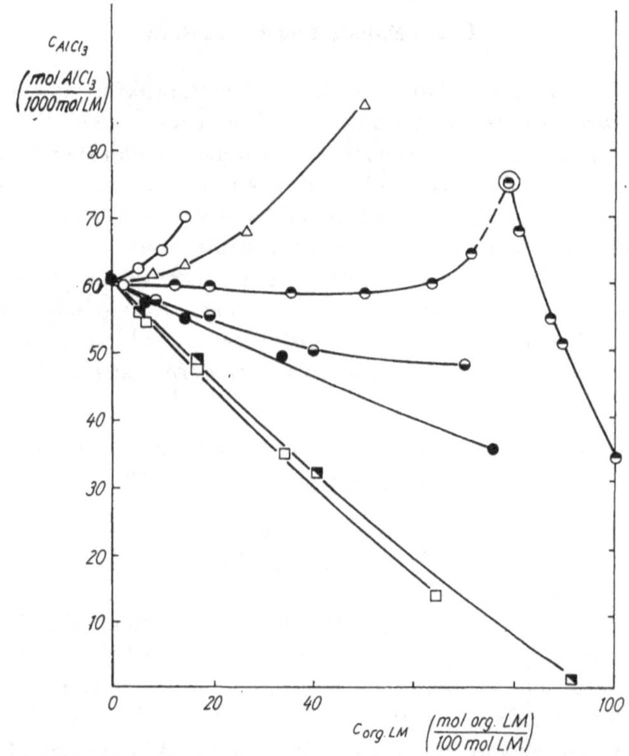

Abb. 3: 298 K-Löslichkeitsisothermen der Systeme $AlCl_3$-H_2O-amphiprotisches Lösungsmittel

○ Glycerol, △ Ethylenglycol, ◒ Methanol, ◓ Ethanol, ● Propanol, ◩ Essigsäure, □ Ameisensäure

Denkbar wäre, daß der Säurezusatz — statisch betrachtet — als Konkurrenzsolvatation des $[H_3O]^+$-Kations zum M^{2+}-Ion wirkt oder — kinetisch betrachtet — den Protonenaustausch, insbesondere der komplexfixierten Wassermoleküle, wesentlich beeinflußt.

Bei Verwendung von HCl wirken die Erhöhung der Chloridionenkonzentration und die entsprechend des pk_S-Wertes von —6 steigende $[H_3O]^+$-Ionenkonzentration aussalzend. Die pk_S-Werte von Essigsäure (4,75) und Ameisensäure (3,7) deuten gleichfalls auf eine Erhöhung der $[H_3O]^+$-Ionenkonzentration bei Substitution des Wassers durch die Säuren hin. Vor allem bei der Essigsäure ist jedoch die auch in konzentrierten Lösungen nur geringe elektrolytische Dissoziation zu bedenken; eine starke Blockierung von Wassermolekülen durch $[H_3O]^+$-Ionen kann man daher nicht erwarten.

— $AlCl_3(MgCl_2, LiCl)$-Wasser-Methanol (Abb. 4):

Die Veränderungen der Solvatationsverhältnisse und ihre Widerspiegelung im Verlauf der Löslichkeitsisothermen und Bodenkörperparagenesen wollen wir im Hinblick auf unsere spektroskopischen Untersuchungen (vgl. 4.4.1.) detaillierter betrachten: Explizit ist dargestellt die für alle bisher vorgestellten ternären Systeme bei jeweils konstanter Lösungsmittelzusammensetzung geltende Abstufung der Löslichkeiten:

$$c_{LiCl} > c_{MgCl_2} > c_{AlCl_3}$$

Die Sättigungswerte des $AlCl_3 \cdot 6\,H_2O$ sind nur wenig von der Lösungsmittelzusammensetzung abhängig. Ausgehend vom wäßrigen Randsystem ($c_{AlCl_3} = 60{,}75$ mol $AlCl_3$/1000 mol H_2O) sinken die Löslichkeiten sehr geringfügig bis 50 mol CH_3OH/1000 mol LM — anschließend steigen die Löslichkeiten sukzessive bis zu einer Solvenszusammensetzung von 70,1 mol CH_3OH/100 mol LM und dem Sättigungswert des $AlCl_3 \cdot 6\,H_2O$ von 66,54 mol $AlCl_3$/1000 mol LM.

Dies ist der Grenzwert des sehr großen Existenzbereiches des $AlCl_3 \cdot 6\,H_3O$. Im Gegensatz zu denen des $AlCl_3 \cdot 6\,H_2O$ sind die Löslichkeiten des $AlCl_3 \cdot 6\,CH_3OH$ wesentlich

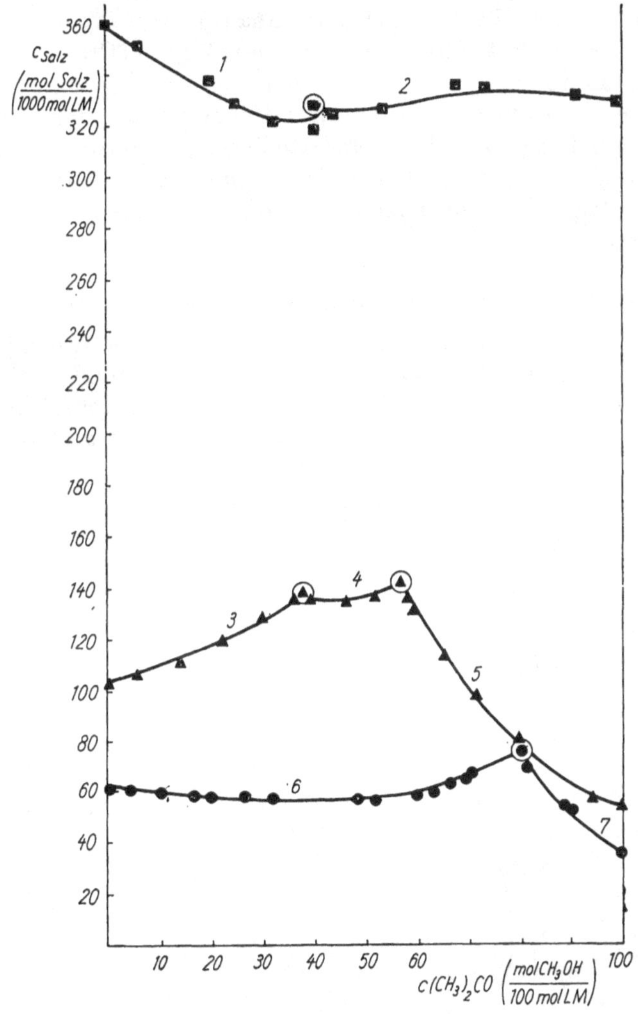

Abb. 4: 298 K-Löslichkeitsisothermen der Systeme Salz-H_2O-Methanol: LiCl-H_2O-MeOH; $MgCl_2$-H_2O-MeOH; $AlCl_3$-H_2O-MeOH

Bodenkörper:

1: LiCl · H_2O	*3:* $MgCl_2 \cdot 6\,H_2O$	*6:* $AlCl_3 \cdot 6\,H_2O$
2: LiCl	*4:* $MgCl_2 \cdot 4\,H_2O \cdot 2\,CH_3OH$	*7:* $AlCl_3 \cdot 6\,CH_3OH$
	5: $MgCl_2 \cdot 6\,CH_3OH$	

von der Lösungsmittelzusammensetzung abhängig; die Kurve belegt den steilen Abfall im Gebiet kleiner Wassergehalte. Die Region von 70,1 bis 80,0 mol CH_3OH/100 mol LM konnte infolge der hohen Viskositäten der Lösungen, in welchen ein feinkristalliner, nadelförmiger Feststoff suspendiert vorliegt, nicht untersucht werden. Wir vermuten hier das Vorliegen eines Mischsolvates ($AlCl_3 \cdot xH_2O \cdot yCH_3OH$).

Im magnesiumchloridhaltigen System ist bis zur ersten Bodenkörperumwandlung ($MgCl_2 \cdot 6H_2O/MgCl_2 \cdot 4H_2O \cdot 2CH_3OH$) bei 36,24 mol CH_3OH/100 mol LM eine deutliche Löslichkeitserhöhung festzustellen. Es folgt das im Falle des Magnesiumchlorids exakt faßbare Gebiet des Mischsolvates $MgCl_2 \cdot 4H_2O \cdot 2CH_3OH$, welches sich bis $x_{CH_3OH} = 0{,}5705$ ausdehnt. In weitergehender Analogie zum Löslichkeitsverhalten des $AlCl_3 \cdot 6CH_3OH$ nehmen die Sättigungswerte des $MgCl_2 \cdot 6CH_3OH$ mit steigendem Methanolgehalt stark ab.

Der Verlauf der Löslichkeitsisotherme für Lithiumchlorid veranschaulicht, daß die Löslichkeit nur geringfügig durch die veränderte Lösungsmittelzusammensetzung beeinflußt wird. Bei 41,35 mol CH_3OH/100 mol LM erfolgt die Bodenkörperumwandlung von $LiCl \cdot H_2O/LiCl$, infolge der Verarmung des Systems an Wasser. Feste LiCl-Methanol-Addukte wurden nicht gefunden.

4.1.2. Salz-Wasser-aprotisch protophobe und aprotisch inerte Lösungsmittel

Nach der KaltHOFFschen Lösungsmittelklassifizierung mit zwei Hauptklassen — amphiprotische und aprotische Lösungsmittel — und 6 Unterklassen (jeweils 3, vgl. Tab. 10) werden Tetrahydrofuran und 1.4-Dioxan zu den aprotisch inerten Lösungsmitteln (wie z. B. Benzen, Cyclohexan, Dichlormethan, Tetrachlorethylen) gezählt.

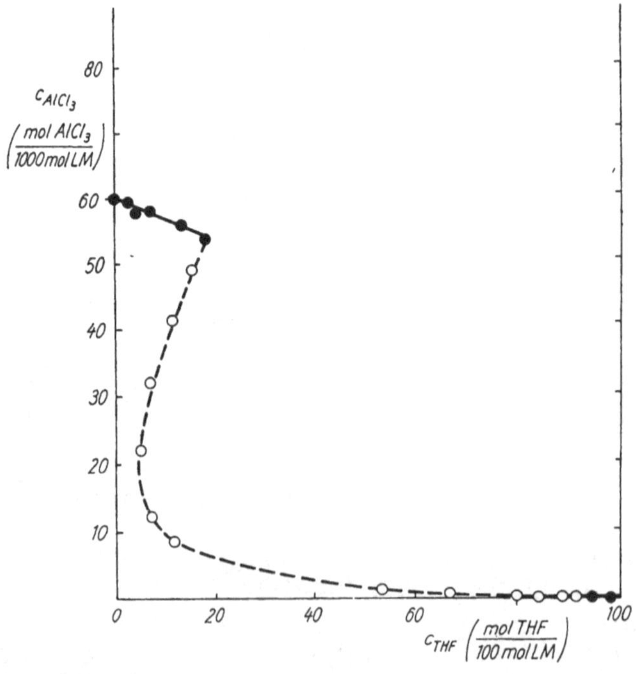

Abb. 5: 298 K-Löslichkeitsisotherme des Systems $AlCl_3$-H_2O-THF

●—● Löslichkeitskurve ○—○ Binodalkurve

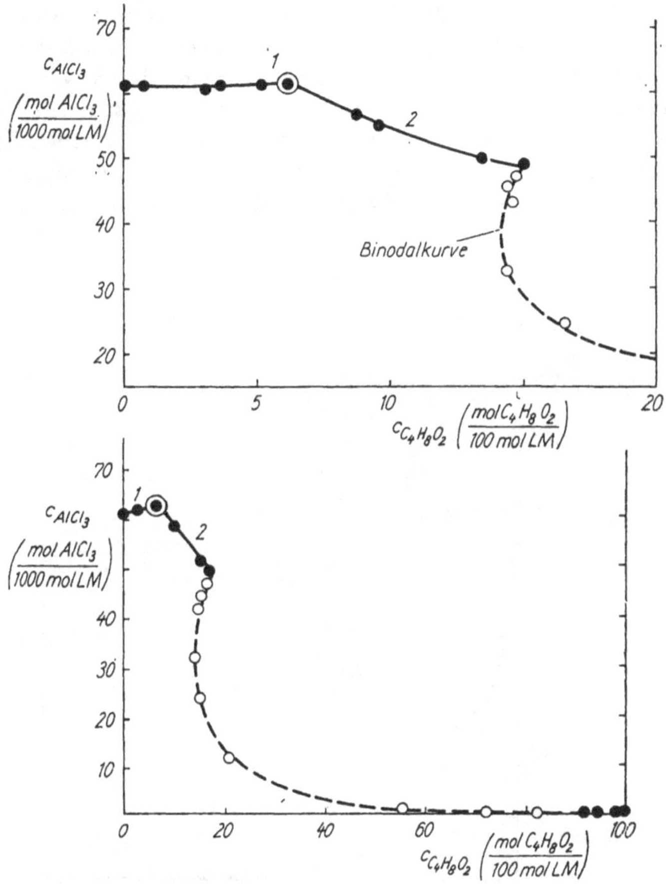

Abb. 6: 298 K-Löslichkeitsisotherme der Systeme
a) $AlCl_3$-H_2O-1.4-Dioxan
Bodenkörper: *1:* $AlCl_3 \cdot 6\,H_2O$ *2:* $AlCl_3 \cdot 9\,H_2O \cdot 3\,C_4H_8O_2$

Dack verfeinert die Einteilung und bezeichnet — die koordinierenden Eigenschaften präziser fassend — THF und 1.4-Dioxan (wie auch z. B. Diethylether und 1.2-Dimethoxyethan) als Lösungsmittelgruppe der Elektronendonatoren mit geringer Dielektrizitätskonstante.

Die in den Abb. 5 und 6 dargestellten ausgewählten Löslichkeitsdiagramme (und ebenso die nicht graphisch aufgezeigten) weisen eine Reihe von Gemeinsamkeiten auf, so daß die Lösungsmittel Tetrahydrofuran, 1.4-Dioxan und die aprotisch protophoben Lösungsmittel Acetonitril und Aceton bezüglich ihres Einflusses auf das Löslichkeitsverhalten der Elektrolyte in einer Gruppe zusammengefaßt werden sollen. Durch das Auflösen von Aluminium(III)-chlorid, Magnesium(II)-chlorid und Lithiumchlorid wurden die bei Raumtemperatur unbegrenzt mischbaren binären Systeme (H_2O-THF, H_2O-1.4-Dioxan, H_2O-Aceton und H_2O-Acetonitril) über einen weiten Konzentrationsbereich in zwei flüssigen Phasen getrennt. Die beiden für jede Löslichkeitsisotherme stetig verlaufenden Kurvenabschnitte sind durch die Binodalkurve (in den Abbildungen gestrichelt eingezeichnet) miteinander verbunden. Die Mischungslücke ist durch eine starke Abhängigkeit des Salzgehaltes der wasserreichen Phasen von der Lösungsmittelzusammensetzung und durch geringe Elektrolytkonzentrationen in den organischen Phasen gekennzeichnet.

Bereits BANCROFT, SCHREINEMARKERS und TIMMERMANN [212–214] beschrieben den Elektrolyteinfluß auf die Mischbarkeit von Lösungsmitteln. Die Ursachen des Salzeinflusses auf die Phasentrennerscheinungen werden mit den verschiedenen Möglichkeiten der selektiven Solvatation des Elektrolyten und den daraus resultierenden Wirkungen

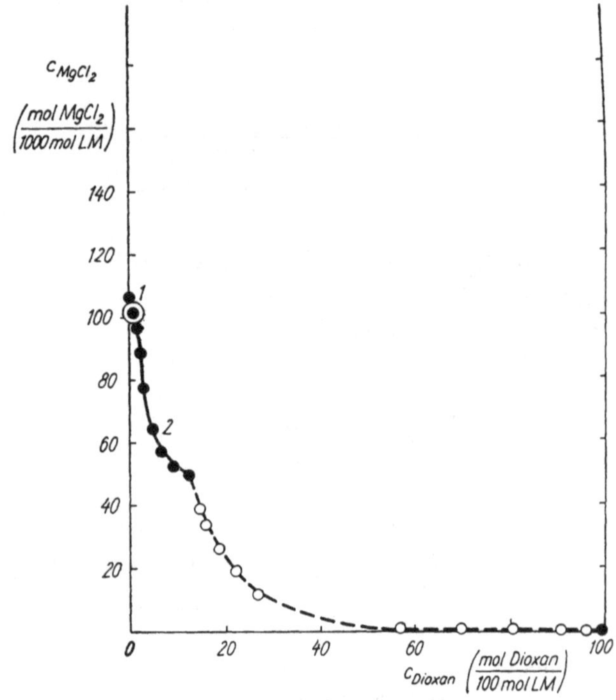

Abb. 6b: $MgCl_2$-H_2O-1.4-Dioxan

Bodenkörper: *1:* $MgCl_2 \cdot 6\,H_2O$ *2:* $MgCl_2 \cdot 6\,H_2O \cdot C_4H_8O_2$

auf die kritische Entmischungstemperatur erklärt [43, 44]. Während heteroselektiv solvatisierte Elektrolyte die obere kritische Entmischungstemperatur erniedrigen und damit (bei konstanter Temperatur) die Mischbarkeit der beiden Lösungsmittel verbessern, setzen homoselektiv solvatisierte Elektrolyte die obere kritische Entmischungstemperatur herauf und verschlechtern somit die Mischbarkeit. Danach sind die in den untersuchten Systemen auftretenden Entmischungen Ausweis einer homoselektiven Solvatation der Elektrolyte Aluminium(III)-chlorid, Magnesium(II)-chlorid und Lithiumchlorid.

— $AlCl_3$-H_2O-THF:

Die 298 K-Löslichkeitsisotherme des Systems $AlCl_3$-H_2O-THF (Abb. 5) ist durch die Ausbildung der Mischungslücke im Bereich von 18,7 bis 95,8 mol THF/100 mol LM unterbrochen. In die Lösungsstruktur können bis zum Erreichen der Mischungslücke 3,45 mol THF/mol $AlCl_3$ eingebaut werden, wobei der THF-Gehalt nur eine geringfügige Abnahme des Molzahlverhältnisses n_{H_2O}/n_{AlCl_3} in den gesättigten Lösungen bewirkt. Im THF-reichen Gebiet nach der Mischungslücke sind die ermittelten Löslichkeiten des $AlCl_3 \cdot 6H_2O$ sehr klein. Im gesamten System wurde keine Bodenkörperumwandlung beobachtet; es liegt nur $AlCl_3 \cdot 6H_2O$ vor.

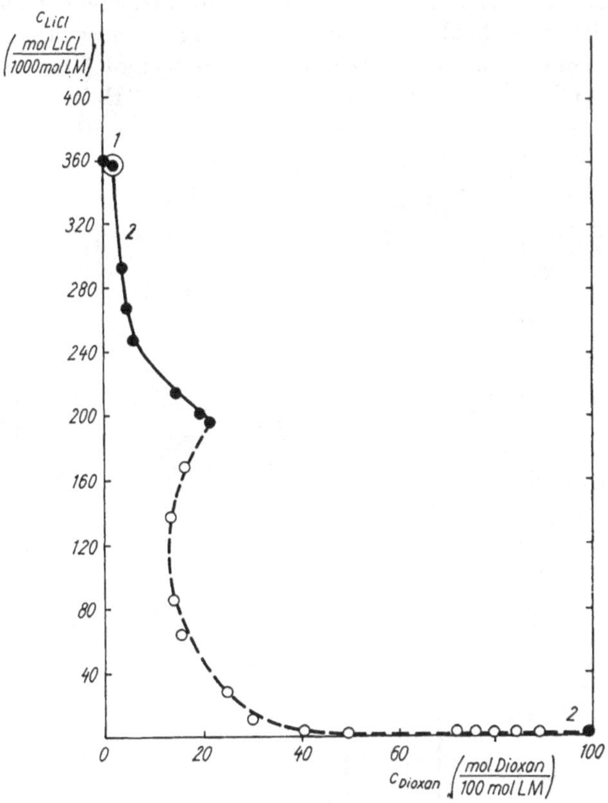

Abb. 6c: LiCl-H_2O-1.4-Dioxan

Bodenkörper: *1:* LiCl · H_2O *2:* LiCl · $H_2O \cdot C_4H_8O_2$

Bei Zugabe von $MgCl_2$ und LiCl wurden stark gelb bis tiefbraun gefärbte Lösungen erhalten, die auf Folgereaktionen hindeuten, weshalb wir diese Systeme nicht weiter betrachtet haben (vgl. auch Diskussion zu $MgCl_2$-H_2O-Aceton).

— Salze ($AlCl_3$, $MgCl_2$, LiCl)-H_2O-1.4-Dioxan:

Im System $AlCl_3$-H_2O-1.4 Dioxan (Abb. 6a) existiert im wasserreichen Gebiet vor der Mischungslücke ein Zweisalzpunkt, an dem $AlCl_3 \cdot 6H_2O$ mit einer unseres Wissens aus der Literatur nicht bekannten festen Phase der Zusammensetzung $AlCl_3 \cdot 9H_2O \cdot 3C_4H_8O_2$ im Gleichgewicht steht. Das Auftreten dieses neuen Bodenkörpers und das ausgeprägte Viskositätsmaximum am Umwandlungspunkt $AlCl_3 \cdot 6H_2O + AlCl_3 \cdot 9H_2O \cdot 3C_4H_8O_2$ ist als Folge einer, durch intensive Wechselwirkungen über H-Brückenbindungen bedingten Anlagerung von Dioxanmolekülen in der 2. Solvatationssphäre der Aluminiumionen zu erklären. Auch im wasserarmen Bereich nach der Mischungslücke ist $AlCl_3 \cdot 9\,H_2O \cdot 3\,C_4H_8O_2$ der stabilen Bodenkörper. Das Solvat $AlCl_3 \cdot 2\,C_4H_8O_2$ wurde nur im wasserfreien Randsystem beobachtet. Es ist in wasserhaltigen Lösungen nicht beständig und besitzt im Gegensatz zu der hydratwasserhaltigen festen Phase $AlCl_3 \cdot 9\,H_2O \cdot 3\,C_4H_8O_2$ im reinen Dioxan eine hohe Löslichkeit.

Im System $MgCl_2$-H_2O-1.4-Dioxan (Abb. 6b) ist mit steigender Dioxankonzentration eine deutliche Löslichkeitsabnahme bis zur Ausbildung der Mischungslücke zu verzeichnen. Bereits bei einem Gehalt von 0,24 mol Dioxan/100 mol Lösungsmittel erfolgt die Bodenkörperumwandlung von $MgCl_2 \cdot 6\,H_2O$ zum $MgCl_2 \cdot 6\,H_2O \cdot C_4H_8O_2$ [227].

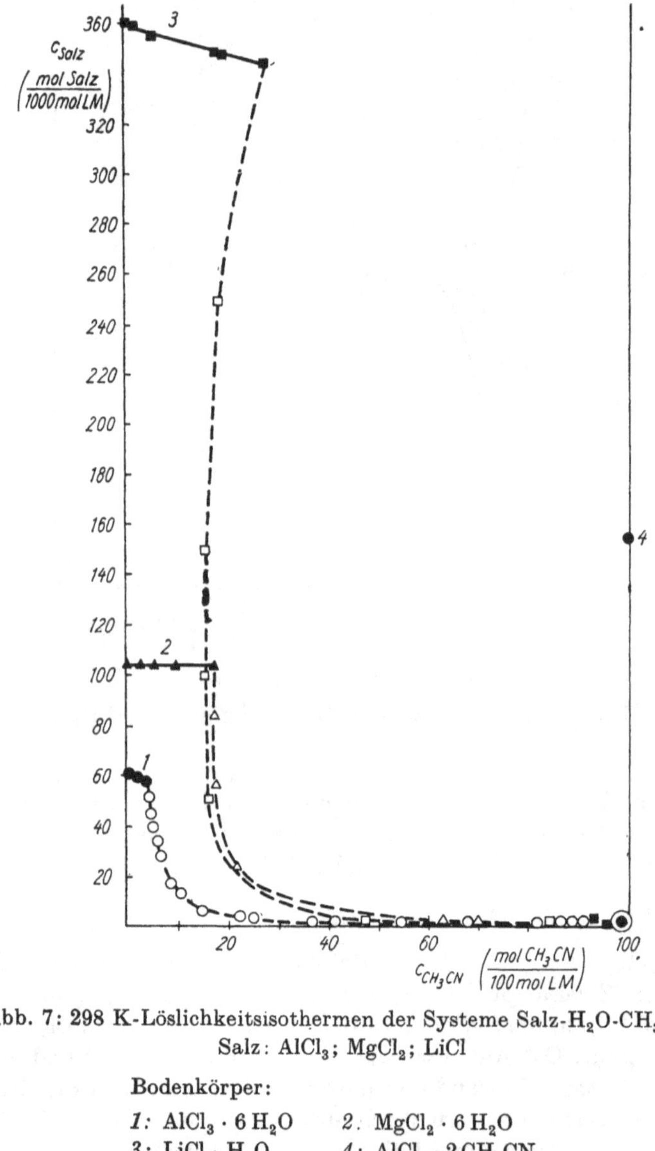

Abb. 7: 298 K-Löslichkeitsisothermen der Systeme Salz-H_2O-CH_3CN; Salz: $AlCl_3$; $MgCl_2$; LiCl

Bodenkörper:

1: $AlCl_3 \cdot 6\,H_2O$ *2.* $MgCl_2 \cdot 6\,H_2O$

3: $LiCl \cdot H_2O$ *4:* $AlCl_3 \cdot 2\,CH_3CN$

$MgCl_2 \cdot 6H_2O \cdot C_4H_8O_2$ ist auch im dioxanreichen Gebiet nach der Mischungslücke — einschließlich im reinen Dioxan — der beständige Bodenkörper.

Auch im System LiCl-H_2O-Dioxan (Abb. 6c) tritt bereits bei einem Gehalt von 1,8 mol Dioxan/100 mol H_2O die Bodenkörperumwandlung LiCl · H_2O/LiCl · $H_2O \cdot C_4H_8O_2$ [179] ein. Bis zur Ausbildung der Mischungslücke sind im Existenzgebiet des LiCl · $H_2O \cdot C_4H_8O_2$ die LiCl-Löslichkeiten stark abnehmend. Die Entmischung setzt bei einer Lösungszusammensetzung von 5,13 mol LM/mol LiCl ein, wobei das Lösungsmittel aus 4,02 mol H_2O und 1,11 mol Dioxan besteht.

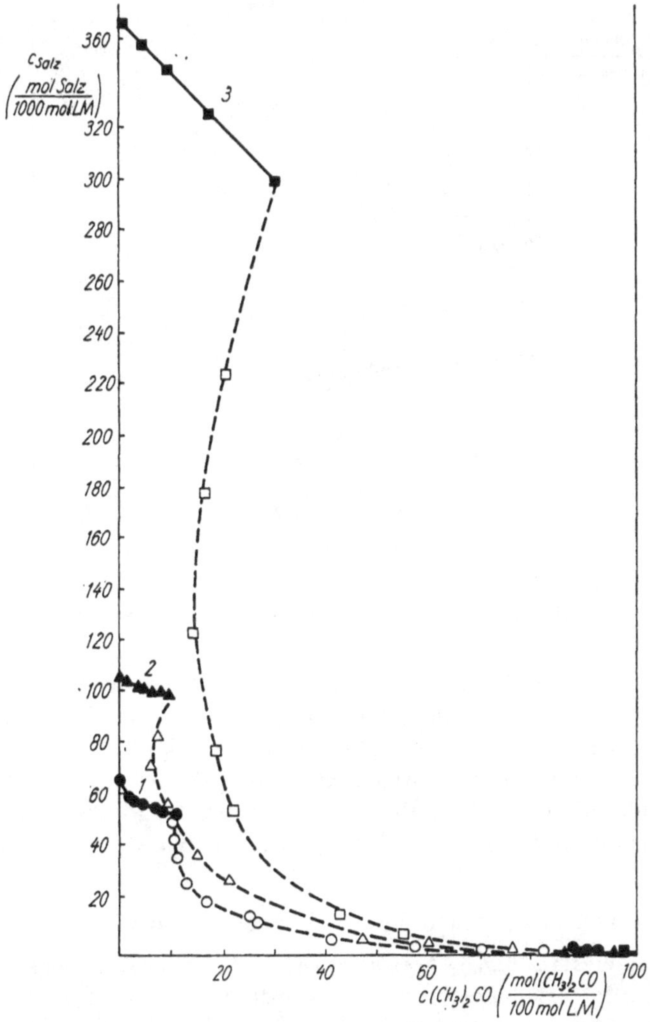

Abb. 8: 298 K-Löslichkeitsisothermen der Systeme Salz-H_2O-$(CH_3)_2CO$; Salz: $AlCl_3$; $MgCl_2$;LiCl

Bodenkörper:

1: $AlCl_3 \cdot 6H_2O$ *2:* $MgCl_2 \cdot 6H_2O$ *3:* LiCl · H_2O

— Salze($AlCl_3$, $MgCl_2$, LiCl)-H_2O-Acetonitril bzw. Aceton:

Durch den Zusatz der organischen Komponenten nehmen die Elektrolytlöslichkeiten im wasserreichen Gebiet der Systeme $AlCl_3$-H_2O-AN; $MgCl_2$-H_2O-AN; LiCl-H_2O-AN (Abb. 7) und $AlCl_3$-H_2O-AC; $MgCl_2$-H_2O-AC; LiCl-H_2O-AC (Abb. 8) ab, wobei jedoch die Molzahlverhältnisse n_{H_2O}/n_{Salz} entlang der Sättigungskurven bis zur Ausbildung der Mischungslücke nahezu konstant bleiben (Abb. 9). Im Gebiet nach der Mischungslücke sind auf Grund der kleineren Wassergehalte nur sehr geringe $AlCl_3$($MgCl_2$, LiCl)-Löslich-

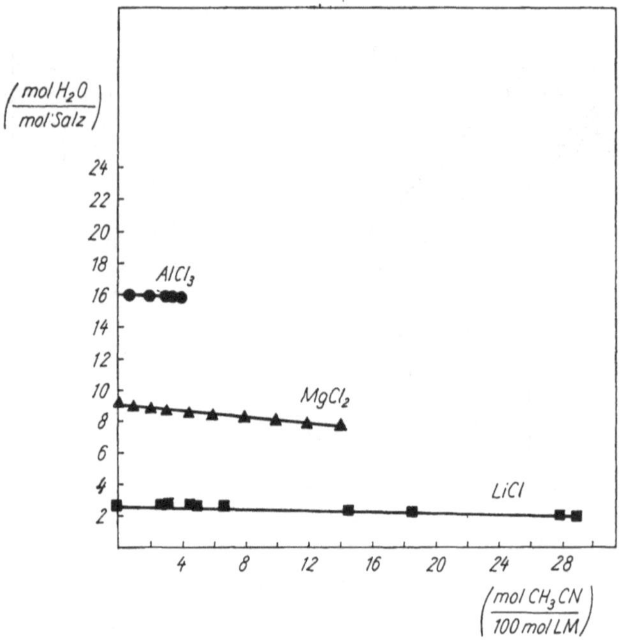

Abb. 9: Molzahlenverhältnisse gesättigter Salzlösungen in den Systemen Salz-H_2O-AN

keiten zu verzeichnen. Alle genannten experimentellen Befunde stehen mit einer stark bevorzugten Hydratation sowohl der Chloridionen als auch jeweils der Kationen Al^{3+}, Mg^{2+}, Li^+ im Einklang. Die Hydrate $AlCl_3 \cdot 6H_2O$, $MgCl_2 \cdot 6H_2O$, $LiCl \cdot H_2O$ sind in den acetonhaltigen und acetonitrilhaltigen ternären Systemen des Typs Salz-H_2O-organische Komponente die stabile feste Phase. Selbst beim Einsatz der reinen organischen Lösungsmittel Aceton und Acetonitril bleiben die Salzhydrate der beständige Bodenkörper.

— Zum Verhalten von wasserfreiem $MgCl_2$ mit Aceton [186]:

Besonders im Randsystem $MgCl_2$-Aceton, aber auch bei acetonreichen Lösungen des Systems (Na^+, K^+, Mg^{2+}, Cl^-)-Aceton-Wasser, wurde eine temperatur- und zeitabhängige Bildung von Kondensationsprodukten des Acetons beobachtet. Matwiyoff und Taube [149] berichteten von Gelbfärbungen in wäßrigen $Mg(ClO_4)_2$-Aceton-Lösungen, wobei die zeitabhängige Mesityloxid- und Phoronbildung durch säurekatalysierte Kondensation und Dehydratation des Acetons als Ursache angesehen wird. Von Bukowska und Kecki [215] konnte IR-spektroskopisch die katalytische Wirkung verschiedener Elektrolyte (z. B. $AlCl_3$, $ZnCl_2$, $TiCl_4$) auf die Aldolkondensation des Acetons nachgewiesen werden. Da auch eine katalytische Wirkung der von uns untersuchten Elektrolyte auf die Aldolkondensation wahrscheinlich war, untersuchten wir, ob und welche Kondensationsprodukte in den stark gefärbten Lösungen bzw. deren Konzentraten nachweisbar sind und wie die Salzlöslichkeiten durch die intermediäre Bildung von Reaktionsprodukten des Acetons beeinflußt werden.

IR-spektroskopisch wurde in den Konzentraten der gefärbten Lösungen Mesityloxid ($\delta_{C=C} = 1615\ cm^{-1}$) und Diacetonalkohol ($\delta_{OH} = 3400\ cm^{-1}$) nachgewiesen. Gaschromatographische Untersuchungen bestätigen diese Aussage, zusätzlich wurden anhand der Chromatogramme Hinweise auf weitere höhere Kondensationsprodukte (z. B. Phoron) erhalten. Daraus resultiert, daß $MgCl_2$ (wie auch $AlCl_3$) in Übereinstimmung mit den Literaturangaben als LEWIS-Säure für die Aldolkondensation des Acetons wirkt, die Art und Menge der entstehenden Kondensationsprodukte ist jedoch zeit- und temperaturabhängig. Umfangreiche Untersuchungen der $MgCl_2$-Löslichkeit bei Zugabe von Mesityloxid und Diacetonalkohol zeigten, daß der Einfluß dieser Stoffe auf die $MgCl_2$-Löslichkeit sehr komplex ist, da Bildung und Zerfall wesentlich von bislang noch nicht aufgeklärten Reaktionsmechanismen abhängen und die früher bestimmten unterschiedlichen Löslichkeiten des $MgCl_2$ eindeutig auf die verschiedenen Anteile von Kondensationsprodukten in den Lösungen zurückzuführen sind.

Bei den Untersuchungen im binären System Magnesiumchlorid-Aceton trat stets das wasserfreie $MgCl_2$ als Bodenkörper auf. Das von SCHERZBERG [216] beschriebene $MgCl_2 \cdot 3(CH_3)_2CO$ wurde von uns bei den Systemuntersuchungen nicht beobachtet. Nur aus Lösungen, die durch Extraktion von entwässertem Carnallit mit Aceton erhalten wurden, kristallisierte nach Einengen und Aufbewahren bei −12 °C ein Bodenkörper, der auf eine Zusammensetzung von $MgCl_2 \cdot 3\,(CH_3)_2CO$ schließen ließ.

— Zum Verhalten von wasserfreiem Aluminium(III)-chlorid in Acetonitril und bei Zugabe geringer Wassermengen:

Die in Abb. 7 aufgezeigte hohe Löslichkeit des Produktes der Bruttozusammensetzung $AlCl_3 \cdot 2\,AN$ veranlaßte uns zu näheren Untersuchungen in dem Gebiet kleiner Wassergehalte, ausgehend vom binären System wasserfreies Aluminium(III)-chlorid-Acetonitril. Nur bei Abwesenheit von Wasser kann eine direkte Wechselwirkung der Al^{3+}-Ionen mit organischen Solvensmolekülen erfolgen. So verläuft die Auflösung von wasserfreiem $AlCl_3$ in Acetonitril etwas vereinfacht nach folgender Gleichung:

$$3\,AlCl_3 + xCH_3CN \rightleftharpoons [AlCl(CH_3CN)_5]^{2+} + 2\,[AlCl_4]^- + (x-5)CH_3CN$$

In der wasserfreien Lösung von Aluminium(III)-chlorid in Acetonitril besteht nach neueren Erkenntnissen [AKITT (1979) [217—219], WEHRLI (1981) [234, 176], DALIBART (1982) [177]) neben dem einzigen komplexen Anion $[AlCl_4]^-$ ein Gleichgewicht zwischen verschiedenen kationischen Komplexen, wobei neben den dominierenden Spezies $[AlCl \cdot (AN)_5]^{2+}$ noch cis-$[AlCl_2(AN)_4]^+$, trans-$[AlCl_2(AN)_4]^+$ und $[Al(AN)_6]^{3+}$ sowie $[Al(AN)_5]^{3+}$ aufgeführt werden.

Diese Autokomplexbildung ist die Ursache für die im Gegensatz zum $AlCl_3 \cdot 6\,H_2O$-hohe Löslichkeit des wasserfreien $AlCl_3$ in Acetonitril. Beim Überschreiten der Sättigungskonzentration scheidet sich aus der wasserfreien Lösung die Verbindung $[AlCl \cdot (CH_3CN)_5][AlCl_4]_2 \cdot CH_3CN(AlCl_3 \cdot 2\,CH_3CN)$ als stabiler Bodenkörper aus [45].

Uns interessierten weiterhin die Zwischenstufen der partiellen Hydratation bei der Umsolvatation der in den wasserfreien Lösungen existierenden Komplexe bis zur Bildung des $[Al(H_2O)_6]^{3+}$-Ions. Hierfür wurden $AlCl_3$-H_2O-CH_3CN-Lösungen mit Molzahlverhältnissen n_{H_2O}/n_{AlCl_3} zwischen 0 und 6 hergestellt, indem $AlCl_3 \cdot 2CH_3CN$ bzw. dessen gesättigte Lösung mit AN-H_2O-Mischungen versetzt wurden.

Bei diesen Versuchen zeigt sich in Übereinstimmung mit dem Phasendiagramm, daß die hergestellten Lösungen nicht existent sind und ein Auskristallisieren eines basischen Aluminium(III)-chlorids unter Freisetzung von Chlorwasserstoff zu beobachten ist. Die Bildung des basischen Aluminiumsalzes der Zusammensetzung $AlCl_{(3-x)}(OH) \cdot (6-x) \cdot H_2O$ ($x = 0{,}02 \cdots 0{,}1$), führt zur Bindung eines Teils des enthaltenen Wassers, so daß in den Lösungen in Abhängigkeit von der $AlCl_3$-Konzentration nur Wassergehalte bis maximal 2,2 mol H_2O/mol $AlCl_3$ erreichbar sind. Unsere Untersuchungen ergaben, daß der Basizitätsgrad [222] des Fällungsproduktes und der Lösung in starkem Maße von den Reaktionsbedingungen (Temperatur, Reaktionszeit, HCl-Partialdruck) abhängig

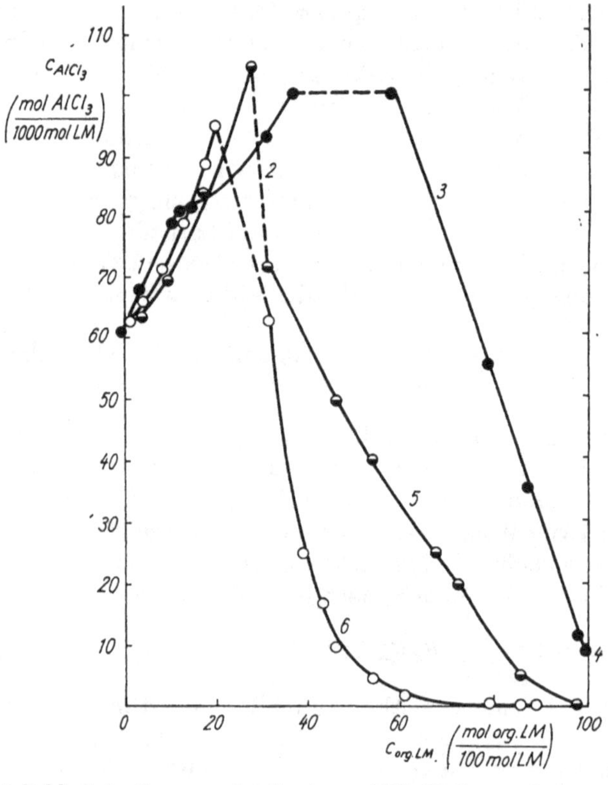

Abb. 10: 298 K-Löslichkeitsisothermen der Systeme $AlCl_3$-H_2O-aprotisches protophiles LM (Bc)
LM: ● Dimethylformamid, ◒ Dimethylacetamid, ○ DMSO

Bodenkörper:

1: $AlCl_3 \cdot 6H_2O$	*1:* $AlCl_3 \cdot 6H_2O$	*1:* $AlCl_3 \cdot 6H_2O$
2: $AlCl_3 \cdot 4H_2O \cdot 2DMF$	*5:* $AlCl_3 \cdot 3H_2O \cdot 3DMAC$	*6:* $AlCl_3 \cdot 6DMSO$
3: $AlCl_3 \cdot 2H_2O \cdot 4DMF$		
4: $AlCl_3 \cdot 6DMF$		

ist. Gelingt es, z. B. durch intensive Kühlung, die Hydrolysereaktionen weitgehend zu unterdrücken, so wird als feste Phase $AlCl_3 \cdot 6\,H_2O$ erhalten. Bei Bruttomolzahlverhältnissen $n_{H_2O}/n^{Al^{3+}} > 6$ wird praktisch das gesamte Aluminium(III)-chlorid als basisches Salz bzw. $AlCl_3 \cdot 6\,H_2O$ ausgefällt.

4.1.3. Salz-Wasser-aprotisch protophile Lösungsmittel

Betrachten wir eingangs die Veränderung der Löslichkeiten am Beispiel $AlCl_3$-Wasser-DMSO(DMF, DMAC) (Abb. 10):

Die Löslichkeit des $AlCl_3 \cdot 6\,H_2O$ wird durch den Einsatz von DMSO, DMF und DMAC stark erhöht. Der stabile Existenzbereich des $AlCl_3 \cdot 6\,H_2O$ ist jedoch im Vergleich zu den bisher vorgestellten Systemen klein. Bereits bei relativ niedrigen Konzentrationen an organischen Lösungsmitteln treten Bodenkörperumwandlungen auf, wobei Mischsolvate bzw. Solvate des Aluminium(III)-chlorids als stabile Bodenkörper gebildet werden. Die Sättigungskonzentration dieser Bodenkörper (außer $AlCl_3 \cdot 4\,H_2O \cdot 2\,DMF$) nimmt mit steigendem Anteil des organischen Solvens stark ab, so daß in allen Systemen bei hohen Konzentrationen der organischen Lösungsmittel die geringsten Salzlöslichkeiten zu verzeichnen sind.

Folgende Mischsolvate wurden bei 298 K ermittelt:

$$AlCl_3 \cdot H_2O \cdot 3\,DMAC;\ AlCl_3 \cdot 4\,H_2O \cdot 2\,DMF;\ AlCl_3 \cdot 2\,H_2O \cdot 4DMF;$$
$$AlCl_3 \cdot 1{,}5\,H_2O \cdot 4{,}5\,DMSO.$$

Die Existenz des $AlCl_3 \cdot 1{,}5\,H_2O \cdot 4{,}5\,DMSO$ (Abb. 12) konnte bei höheren Temperaturen (323 K und 348 K) nachgewiesen werden. Das Auftreten der bekannten Verbindungen $AlCl_3 \cdot 6\,DMSO$ und $AlCl_3 \cdot 6\,DMF$ [228, 229, 223, 224] wurde bestätigt.

In bezug auf unsere spektroskopischen Untersuchungen (vgl. 4.4.4., 4.4.5) wollen wir die 298 K Löslichkeitsisothermen der Systeme LiCl($MgCl_2$, $AlCl_3$)-H_2O-DMF (Abb. 11) und LiCl($MgCl_2$, $AlCl_3$)-H_2O-DMSO (Abb. 12) näher betrachten:

Der Vergleich der 298 K-Isotherme der Systeme $AlCl_3$-H_2O-DMF, $MgCl_2$-H_2O-DMF und LiCl-H_2O-DMF (Abb. 11) belegt deutlich, daß die Lithiumchloridlöslichkeiten gegenüber den Magnesiumchlorid- und Aluminiumchloridlöslichkeiten generell wesentlich höher sind. Nur im sehr wasserreichen Gebiet und bei hohen DMF-Konzentrationen beobachten wir höhere Magnesiumchlorid- als Aluminiumchloridlöslichkeiten. Im Gebiet mittlerer Lösungsmittelzusammensetzung sind höhere Löslichkeiten des Aluminiumchlorids als des Magnesiumchlorids zu vermerken.

Bei der Betrachtung der Existenzgebiete der verschiedenen Bodenkörper im Zusammenhang mit dem Verlauf der Löslichkeitsisothermen wird ersichtlich:

- Das Existenzgebiet des $MgCl_2 \cdot 6\,H_2O$ (bis 7,3 mol DMF/100 mol LM) ist kleiner als das des $AlCl_3 \cdot 6\,H_2O$ (bis 16 mol DMF/100 mol LM). Bei Zugabe kleiner DMF-Gehalte ist in den Existenzgebieten des $MgCl_2 \cdot H_2O$ und $AlCl_3 \cdot 6\,H_2O$ eine Löslichkeitserhöhung zu verzeichnen.

  Das stabile Existenzgebiet des $LiCl \cdot H_2O$ erstreckt sich bis 11,9 mol DMF/100 mol LM, wobei eine Abnahme der LiCl-Löslichkeit zu vermerken ist.
- Nach den ersten Umwandlungspunkten zu $LiCl \cdot H_2O \cdot DMF$ und $MgCl_2 \cdot 6\,H_2O$ $2\,DMF$[1]) nehmen zunächst die Löslichkeiten dieser Systeme stark ab, weil ein Teil

[1]) Das Mischsolvat $NiBr_2 \cdot 6\,H_2O \cdot 2\,DMF$ wurde von Kim [225] in jüngster Zeit beschrieben.

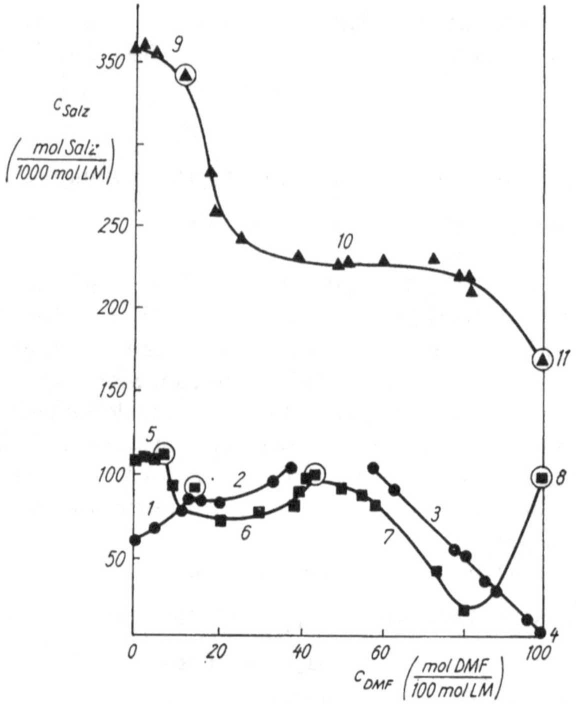

Abb. 11: 298 K-Löslichkeitsisothermen der Systeme Salz-H_2O-DMF;
Salze: $AlCl_3$; $MgCl_2$; LiCl

Bodenkörper:

1: $AlCl_3 \cdot 6\,H_2O$	*5:* $MgCl_2 \cdot 6\,H_2O$	*9:* $LiCl \cdot H_2O$
2: $AlCl_3 \cdot 4\,H_2O \cdot 2\,DMF$	*6:* $MgCl_2 \cdot 6\,H_2O \cdot 2\,DMF$	*10:* $LiCl \cdot H_2O \cdot DMF$
3: $AlCl_3 \cdot 2\,H_2O \cdot 4\,DMF$	*7:* $MgCl_2 \cdot 2\,H_2O \cdot 4\,DMF$	*11:* $LiCl \cdot 4\,DMF$
4: $AlCl_3 \cdot 6\,DMF$	*8:* $MgCl_2 \cdot 4\,DMF$	

des Lösungsmittels — das DMF — im Bodenkörper fixiert wird. Mit Zunahme der DMF-Konzentration tritt ein nahezu linearer Teil der LiCl-Isotherme auf, die $MgCl_2$-Löslichkeiten steigen bis zum zweiten Umwandlungspunkt $MgCl_2 \cdot 6\,H_2O \cdot 2\,DMF$/$MgCl_2 \cdot 2\,H_2O \cdot 4\,DMF$. Im Gegensatz hierzu ist ein Anstieg der $AlCl_3$-Löslichkeit im gesamten Existenzgebiet des wasserarmen Bodenkörpers $AlCl_3 \cdot 4\,H_2O \cdot 2\,DMF$ zu beobachten.

— Die Bildung der verschiedenen Bodenkörper $AlCl_3 \cdot 4\,H_2O \cdot 2\,DMF$, $MgCl_2 \cdot 6\,H_2O \cdot 2\,DMF$ und $LiCl \cdot H_2O \cdot DMF$ könnte mit den Ladungsdichten der Kationen korrelieren. Im Falle des hochgeladenen Al^{3+}-Kations beobachten wir den Austausch von zwei Wassermolekülen durch DMF.

— Nur in den binären Randsystemen sind die Solvate $AlCl_3 \cdot 6\,DMF$, $MgCl_2 \cdot 4\,DMF$ und $LiCl \cdot 4\,DMF$ existent.

Der Vergleich der 298 K-Isotherme der Systeme $AlCl_3$-H_2O-DMSO, $MgCl_2$-H_2O-DMSO und LiCl-H_2O-DMSO (Abb. 12) verdeutlicht:

— Bei Zugabe kleiner DMSO-Mengen ist in den Existenzgebieten der Salzhydrate eine signifikante Zunahme der Löslichkeit festzustellen.

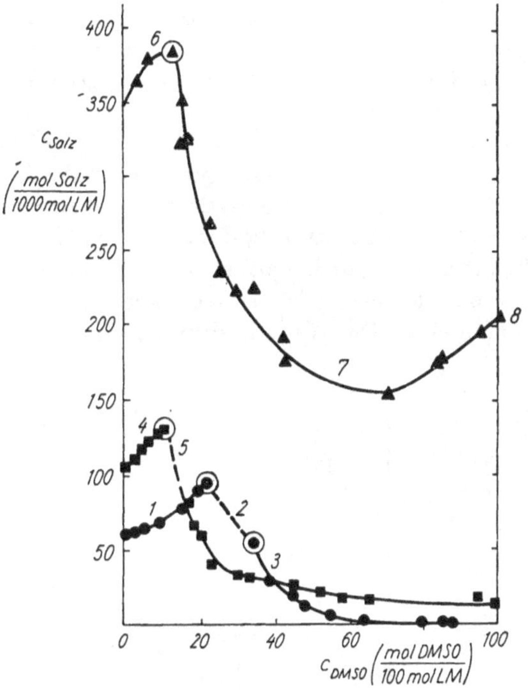

Abb. 12a: 298 K-Löslichkeitsisothermen der Systeme Salz-H_2O-DMSO; Salze: $AlCl_3$; $MgCl_2$;LiCl

Bodenkörper:

1: $AlCl_3 \cdot 6H_2O$	*4:* $MgCl_2 \cdot 6H_2O$	*6:* LiCl · H_2O
2: $AlCl_3 \cdot 1{,}5H_2O \cdot 4{,}5$DMSO	*5:* $MgCl_2 \cdot 4$DMSO	*7:* LiCl · DMSO
3: $AlCl_3 \cdot 6$DMSO		*8:* LiCl · 4DMSO

— Die Existenzgebiete des LiCl · H_2O und des $MgCl_2 \cdot 6H_2O$ (bis 12,0 mol MDSO/100 mol LM) sind kleiner als das des $AlCl_3 \cdot 6H_2O$ (bis 21,8 mol DMSO/100 mol LM).
— Die Umsolvatation des Bodenkörpers $MgCl_2 \cdot 6H_2O$ erfolgt, wenn in der Lösung ein Molzahlverhältnis n_{H_2O}/n_{MgCl_2} von nahezu 6 vorliegt, temperaturabhängig zu $MgCl_2 \cdot 4$DMSO bzw. $MgCl_2 \cdot 6$DMSO) (Abb. 13). Ein DMSO-haltiges Mischsolvat ($AlCl_3 \cdot 1{,}5H_2O \cdot 4{,}5$DMSO) konnte nur bei 323 K und 348 K im System $AlCl_3 \cdot H_2O$ · DMSO chemisch-analytisch nachgewiesen werden. Im System LiCl-H_2O-DMSO erfolgt die Bodenkörperumwandlung zu LiCl · DMSO. Nur im binären Randsystem LiCl-DMSO wurde als stabile feste Phase LiCl · 4DMSO ermittelt.

Die geringen $MgCl_2$- und $AlCl_3$-Gehalte bei hohen DMSO-Konzentrationen bilden die Grundlage für die aus der Literatur [228, 229] bekannte Methode zur Herstellung von $AlCl_3 \cdot 6$DMSO aus $AlCl_3 \cdot 6H_2O$ und von $MgCl_2 \cdot 4$DMSO bzw. $MgCl_2 \cdot 6$DMSO aus $MgCl_2 \cdot 6H_2O$.

Aus den in Tab. 10 aufgeführten Donor- und Akzeptorzahlen ist ableitbar, daß die Salze in den Solvensgemischen Wasser-aprotisch protophiles Lösungsmittel heteroselektiv solvatisiert werden. Einerseits ist auf Grund der hohen Donorzahlen von DMSO und

DMF eine bevorzugte Solvatation der Kationen durch die organischen Lösungsmittel zu erwarten; andererseits berechtigt der beachtliche Unterschied in den Akzeptorzahlen von Wasser (54,8) und DMSO (19,3) sowie DMF (16,0) zur Annahme einer selektiven Solvatation der Cl^--Ionen durch Wasser.

Auf Grund dessen wird das organische Solvens bereits bei kleinen Konzentrationen zum überwiegenden Teil an die Kationen (entsprechend ihrer Ladungsdichte) koordiniert und damit seine Donatorfunktion abgesättigt. Da die organischen Komponenten nur über schwache Akzeptoreigenschaften verfügen — quasi monofunktionell sind — können sie somit nicht mehr oder nur in geringem Ausmaß mit Wasser in Wechselwirkung treten, so daß die bifunktionalen Wassermoleküle vorrangig zur Solvatation der Cl^--Ionen zur Verfügung stehen. Die Wechselwirkungen der organischen Solvensmole-

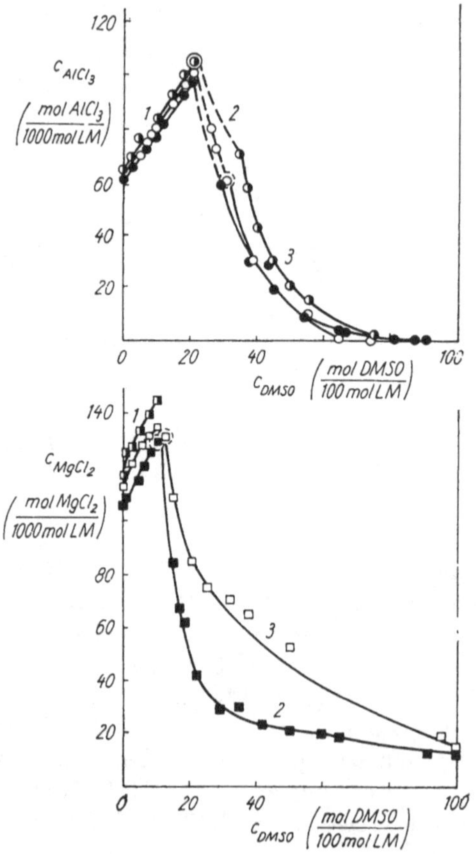

Abb. 12b: Löslichkeiten in den Systemen $AlCl_3$-H_2O-DMSO und $MgCl_2$-H_2O-DMSO

Temperatur: ● 298 K, ○ 323 K, ◑ 348 K
Bodenkörper: *1:* $AlCl_3 \cdot 6\,H_2O$ *3:* $AlCl_3 \cdot 6\,DMSO$
2: $AlCl_3 \cdot 1{,}5\,H_2O \cdot 4{,}5\,DMSO$

Temperatur ■ 298 K, □ 323 K, ◨ 348 K
Bodenkörper: *1:* $MgCl_2 \cdot 6\,H_2O$ *2:* $MgCl_2 \cdot 4\,DMSO$
3: $MgCl_2 \cdot 6\,DMSO$

küle mit den Wassermolekülen sind demnach in der Reihenfolge $Li^+ > Mg^{2+} > Al^{3+}$ immer geringer ausgeprägt und stellen — insbesondere bei den aluminiumhaltigen Lösungen — keine dominante Konkurrenz zu den verschiedenen Ion-Lösungsmittel-Wechselwirkungen dar. Diese intensiven Ion-LM-Wechselwirkungen sind daher offensichtliche Ursache für den starken Anstieg der Salzlöslichkeiten, z. B. der $AlCl_3$-Löslichkeiten im Bereich von 0 bis etwa 30 mol organisches Lösungsmittel (Abb. 12).

Wegen der gegenüber Wasser bevorzugten Solvatation der Kationen durch DMSO, DMF entstehen z. B. in den ternären aluminium- und magnesiumhaltigen Lösungen Komplexkationen der allgemeinen Formel $[M(H_2O)_x\,(\text{org. K})_y]^{3+}$ $x + y = 6$ (8), deren Anteil mit steigender Konzentration der organischen Komponente im Solvensgemisch zunimmt und bei einem bestimmten Gehalt des organischen Solvens schließlich zu Umsolvationen in der festen Phase führt.

Infolge der geringeren Ladungsdichte des Li^+-Kations gegenüber dem Al^{3+} und Mg^{2+} kann auf schwächere Kation-LM-Wechselwirkungen und damit verstärkte LM_1-LM_2-Wechselwirkungen formal geschlußfolgert werden. Berücksichtigt man aber die Tatsache der wesentlich höheren Salzlöslichkeiten, so ist eine derartige Schlußfolgerung weitgehend unzulässig.

Mit steigendem Verhältnis $n_{\text{org.LM}}/n_{\text{Salz}}$ treten in den Lösungen zunehmend nicht koordinierte organische Lösungsmittelmoleküle auf. Diese sind in der Lage, mit dem in der Lösung vorhandenen Wasser in Wechselwirkung zu treten und einen Teil der zur Solvatation der Cl^--Ionen notwendigen Wassermoleküle zu binden. Als Folge davon werden die Sättigungskonzentrationen von u. a. $AlCl_3 \cdot 6\,DMSO$, $MgCl_2 \cdot 4\,DMSO$, $MgCl_2 \cdot 6\,DMSO$, $AlCl_3 \cdot 4\,DMF$ und $MgCl_2 \cdot 2\,H_2O \cdot 4\,DMF$ mit zunehmendem Anteil organischer Komponente im Solvensgemisch herabgesetzt. In diesem Bereich ist demnach eine echte Konkurrenz zwischen den organischen Solvensmolekülen und den Chloridionen bei der Wechselwirkung mit den Wassermolekülen zu verzeichnen.

4.1.4. Verallgemeinerte Aspekte zu den Löslichkeitsuntersuchungen

Die Löslichkeitsuntersuchungen belegen, daß die Salze $AlCl_3$, $MgCl_2$, LiCl in den ternären Systemen Salz-Wasser-organisches Lösungsmittel innerhalb der nachstehenden Gruppen der organischen Komponenten typische Verhaltensweisen zeigen:

- amphiprotisch neutrale (Aa) und amphiprotisch protogene (Ab) Lösungsmittel
- aprotisch inerte (Ba) und aprotisch protophobe (Bb) Lösungsmittel
- aprotisch protophile Lösungsmittel (Bc).

In den Systemen Salz-Wasser-Alkohole wird eine Abnahme der Salzlöslichkeiten mit steigender Kettenlänge der Alkohole und eine Zunahme beim Einsatz von mehrwertigen Alkoholen bei Betrachtung gleicher Solvenszusammensetzungen deutlich. Der Zusatz von geringen Säureanteilen (HCl, Ameisensäure, Essigsäure) bewirkt einen signifikanten Aussalzeffekt.

Die homoselektive Solvatation des $AlCl_3$, $MgCl_2$ und LiCl in Wasser-Tetrahydrofuran-, Wasser-1.4-Dioxan-, Wasser-Acetonitril- und Wasser-Aceton-Gemischen führt zu einer über weite Konzentrationsbereiche ausgedehnten Entmischung in eine wasserreiche flüssige Phase mit hohem Salzgehalt und eine wasserarme flüssige Phase mit sehr geringem Salzgehalt. Eine Dehydratation der Salzhydrate mit Hilfe dieser organischen Komponenten erfolgt nicht. Die Solvatbildung mit den genannten Solvenzien ist nur in wasserfreien Randsystemen möglich.

In den ternären Systemen Salz-Wasser-Dimethylsulfoxid (N,N-Dimethylformamid, N,N-Dimethylacetamid) treten infolge der größeren Donorstärke der organischen Lösungsmittel gegenüber Wasser schon bei relativ niedrigen Gehalten dieser in den Solvensgemischen organische Solvate und Mischsolvate der Salze als stabile Bodenkörper auf. Wegen der heteroselektiven Solvatation der Ionen erfolgt einerseits in den wasserreichen Regionen der Solvensgemische ein starker Löslichkeitsanstieg infolge der günstigen Solvatationsbedingungen und andererseits bei hohen Gehalten der organischen Komponenten in den Solvensgemischen — bewirkt durch die nur noch bedingt mögliche Hydratation der Cl^--Ionen — eine starke Löslichkeitserniedrigung.

4.2. *Charakterisierung der Bodenkörper*

Zur Erfassung der chemisch-physikalischen Eigenschaften der mit den gesättigten Elektrolytlösungen im Gleichgewicht stehenden festen Substanzen wurden von uns nachstehende Methoden angewandt:

1. Die direkte chemische Analyse und die SCHREINEMARKERSsche Restmethode,
2. röntgenografische Untersuchungen,
3. kristalloptische Charakterisierung,
4. thermische Analyse,
5. massenspektrometrische Untersuchungen.

Tabelle 15

Übersicht zu den in den ternären Systemen Salz-Wasser-organische Komponenten achgewiesenen Bodenkörpern[1])

LM-Klasse[1])	Bodenkörper		
Aa	$AlCl_3 \cdot 6\,H_2O$	$MgCl_2 \cdot 6\,H_2O$	$LiCl \cdot H_2O$
	$AlCl_3 \cdot 6\,CH_3OH$	$MgCl_2 \cdot 4\,H_2O \cdot 2CH_3OH$	LiCl wasserfrei
		$MgCl_2 \cdot 6\,CH_3OH$	
Ab	$AlCl_3 \cdot 6\,H_2O$	$MgCl_2 \cdot 6\,H_2O$	$LiCl \cdot H_2O$
Ba	$AlCl_3 \cdot 6\,H_2O$	$MgCl_2 \cdot 6\,H_2O$	$LiCl \cdot H_2O$
	$AlCl_3 \cdot 9\,H_2O \cdot 3C_4H_8O_2$	$MgCl_2 \cdot 6\,H_2O \cdot C_4H_8O_2$	$LiCl \cdot H_2O \cdot C_4H_8O_2$
	$AlCl_3 \cdot 2\,C_4H_8O_2$		
Bb	$AlCl_3 \cdot 6\,H_2O$	$MgCl_2 \cdot 6\,H_2O$	$LiCl \cdot H_2O$
	$AlCl_3 \cdot 2\,CH_3CN$		
Bc	$AlCl_3 \cdot 6\,H_2O$	$MgCl_2 \cdot 6\,H_2O$	$LiCl \cdot H_2O$
	$AlCl_3 \cdot 4\,H_2O \cdot 2\,DMF$	$MgCl_2 \cdot 6\,H_2O \cdot 2\,DMF$	$LiCl \cdot H_2O \cdot DMF$
	$AlCl_3 \cdot 2\,H_2O \cdot 4\,DMF$	$MgCl \cdot 2\,H_2O \cdot 4\,DMF$	$LiCl \cdot 4\,DMF$
	$AlCl_3 \cdot 6\,DMF$	$MgCl_2 \cdot 4\,DMF$	
	$AlCl_3 \cdot 6\,DMSO$	$MgCl_2 \cdot 4\,DMSO$	$LiCl \cdot DMSO$
	$AlCl_3 \cdot 1{,}5\,H_2O \cdot 4{,}5\,DMSO$	$MgCl_2 \cdot 6\,DMSO$	$LiCl \cdot 4\,DMSO$
	$AlCl_3 \cdot 3\,H_2O \cdot 3\,DMAC$		

[1]) vgl. hierzu auch Tab. 11 und 13

Für die Identifizierung und Charakterisierung, insbesondere des thermischen Verhaltens neuer Bodenkörper, waren diese Methoden ausreichend. Anhand ausgewählter Beispiele wollen wir die Möglichkeiten der Anwendung dieser Methode aufzeigen. Einen Überblick zu den von uns charakterisierten Bodenkörpern vermittelt Tab. 16.

Tabelle 16

Kristallsystem, Gitterkonstanten, Röntgendichte, Auslöschung (evtl. Raumgruppe) von Solvaten und Mischsolvaten des Aluminium(III)-chlorids

Solvate/ Mischsolvate	Kristallsystem	Gitterkonstanten (pm)	n: Zahl der Formeleinh. ϱ: Röntgendichte ($g_r \cdot cm^{-3}$)	Auslöschungen evtl. Raumgruppe
$AlCl_3 \cdot 2$(1.4-Dioxan)	ortho-rhombisch	a = 1283 ± 3 b = 1434 ± 1 c = 1575 ± 1	n = 8 ϱ = 1,514	h00 : h ≠ 2n D_2^2 – p $2_1 22$
$AlCl_3 \cdot 6$ DMF	hexagonal	a = 3264 ± 4 c = 3115 ± 5	n = 36 ϱ = 1,189	0001 : 1 ≠ 3 n
$AlCl_3 \cdot 6$ DMSO	monoklin	a = 2106 ± 1 b = 1396 ± 1 c = 2601 ± 1	n = 10 ϱ = 1,323	h01 : 1 ≠ 2 n 0k0 : k ≠ 2 n C_{2h}^5 – $P_{21/C}$
$AlCl_3 \cdot 6\,CH_3OH$	tetragonal	a = 1685 ± 2 c = 1600 ± 1	n = 12 ϱ = 1,427	
$AlCl_3 \cdot 4\,H_2O \cdot 2$ DMF	tetragonal	a = 1868 ± 2 c = 1722 ± 1	n = 16 ϱ = 1,554	h00 : h ≠ 2 n D_{2d}^3 – P 42_1 m oder D_4^2 – P $42_1 2$
$AlCl_3 \cdot 3H_2O \cdot 3$DMAC	hexagonal	a = 3094 ± 4 c = 1731 ± 1	n = 27 ϱ = 1,402	001 : = 2 n

4.2.1. Chemisch-analytische Untersuchungen

Es ist notwendig, auf einige stoffliche Besonderheiten hinzuweisen:

Bei der unter anaeroben Bedingungen vorgenommenen Abtrennung durch Sedimentation, Zentrifugation oder Filtration der morphologisch verschiedenartigen Feststoffe von den hochkonzentrierten Lösungen wurde wiederholt festgestellt, daß eine vollständige fest-flüssig-Trennung ohne Veränderung der Feststoffe nicht realisierbar ist, weshalb feste Produkte mit ganzzahligen Stöchiometrieverhältnissen experimentell nicht erhältlich sind. So können die hochkonzentrierten, hochviskosen Lösungen in der Regel nicht vollständig abgetrennt werden. Bei den Trocknungsoperationen kristallisierten aus den anhaftenden Lösungen artfremde Substanzen auf den Mutterkristallen aus oder ein Teil der koordinierten Lösungsmittelmoleküle wurde bei scharfen Trocknungsbedingungen wieder entfernt. Eine Reinigung durch Spülen mit inerten Lösungsmitteln war teilweise möglich, ebenso bei geringen Löslichkeiten ein mehrfaches Umkristallisieren in den Lösungsmittelgemischen.

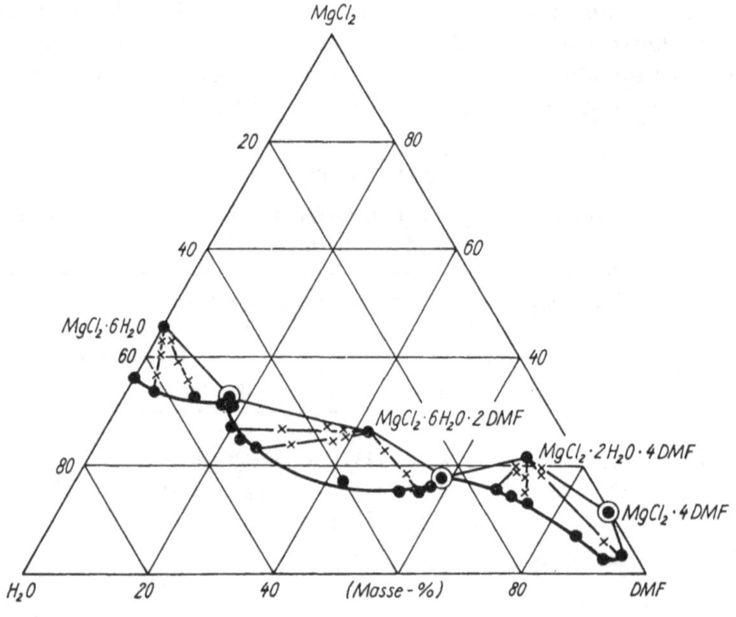

a)

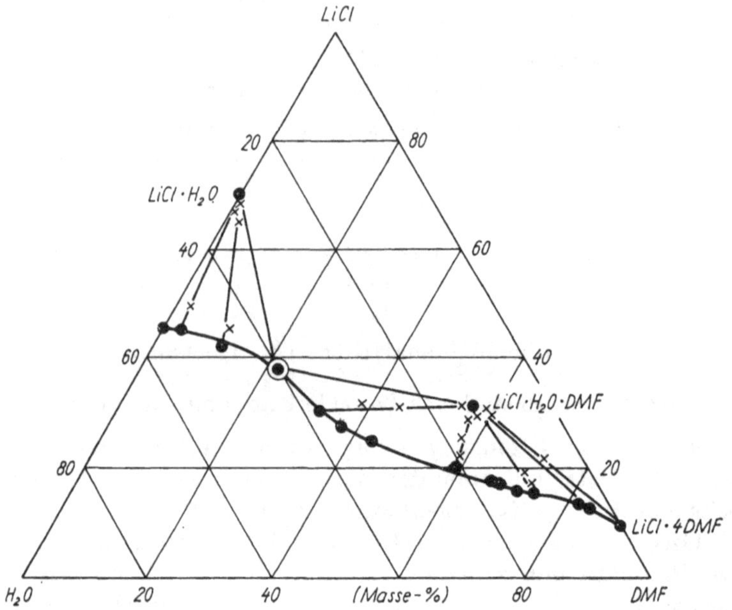

b)

Abb. 13: Darstellung der Existenzgebiete der Bodenkörper bei 298 K der Systeme a) $MgCl_2$-H_2O-DMF b) LiCl-H_2O-DMF

Neben der chemischen Analyse der getrockneten Bodenkörper bewährte sich die schon 1898 beschriebene SCHREINEMAKERS*sche Restmethode* [213]. Als Beispiele sind in der Abb. 13 die Erfassung der Existenzgebiete der Systeme $MgCl_2$-H_2O-DMF und LiCl-H_2O-DMF aufgezeigt.

4.2.2. Röntgenographische Untersuchungen [190]

In den ternären Systemen des Typs $AlCl_3$-H_2O-organische Komponente traten als stabile Bodenkörper Solvate und Mischsolvate des Aluminiumchlorids auf.

Eine röntgenographische Untersuchung der Feststoffe $AlCl_3 \cdot 2C_4H_8O_2$, $AlCl_3 \cdot 3H_2O \cdot 3$DMAC, die als weiße hygroskopische Pulver anfallen, war möglich.

Mehrfach beschrieben ist die Präparation der aus den Randsystemen bekannten Bodenkörper $AlCl_3 \cdot 6$DMF [225, 226], $AlCl_3 \cdot 6$DMSO [228, 230], $AlCl_3 \cdot 6CH_3OH$ [241, 242]; die Existenzgebiete der festen Phasen $AlCl_3 \cdot 2$(1.4-Dioxan), $AlCl_3 \cdot 4H_2O \cdot 2$DMF und $AlCl_3 \cdot 3H_2O \cdot 3$DMAC wurden von uns in [187] aufgezeigt. Die Ergebnisse sind in Tab. 16 enthalten.

Die Röntgenogramme von Produkten der Systeme LiCl-H_2O-organische Komponente und $MgCl_2$-H_2O-organische Komponente zeigen keine ausreichende Reproduzierbarkeit. Zu gleichen Resultaten führten Untersuchungen an Doppelsalzen.

4.2.3. Kristallographische Untersuchungen

Über die Anwendungsgebiete, Methodiken und das Leistungsvermögen von kristallographischen Untersuchungen an Rohsalzen bis hin zu stark hygroskopischen Salzen berichteten RÖSSLER und KOCH [234, 235], EMONS, KEUNE und SEYFARTH [235, 236] sowie KEUNE und SEYFARTH [237]. Eine Dokumentation der jeweils mit den gesättigten Lösungen im Gleichgewicht koexistierenden festen Phasen anhand von mikrofotographischen Aufnahmen erwies sich als günstig. Optisch kann der Umwandlungspunkt durch das Vorhandensein der jeweils für beide Bodenkörper typischen Kristallformen nachgewiesen werden.

Zur weiteren Charakterisierung der Bodenkörper wurden die kristalloptischen Daten (vgl. Beispiel Tab. 17) ermittelt.

4.2.4. Untersuchungen zum thermischen Verhalten der Solvate und Mischsolvate

Im Vordergrund dieser Untersuchungen stand die Fragestellung, inwieweit es möglich ist, neue aus den Hydraten darstellbare Solvate oder Mischsolvate zu den technisch benötigten wasserfreien Salzen abzubauen, und inwieweit aus dem chemischen Verhalten Schlußfolgerungen zur Stabilität und damit indirekt zur Struktur der Produkte getroffen werden können.

In einer Reihe von Vorversuchen, wobei die beschriebenen Solvate und Mischsolvate (vgl. 5.1.) in Trockenpistolen bei Temperaturen von $\sim$ 140 °C (Heizflüssigkeit: Xylen) und 160 °C (Heizflüssigkeit: Cyclohexanol) 12 bis 25 Stunden bei einem Druck von $\sim$ 1,3 Pa belastet wurden, zeigte sich, daß die Aluminium(III)-chlorid- und Magnesium-(II)-chlorid-Solvate und -Mischsolvate unter partieller Solvolyse verbunden mit der Abgabe von Chlorwasserstoff sich zersetzen, wodurch basische Produkte gebildet werden. Ein Teil der angelagerten Lösungsmittelmoleküle kann jedoch von der Abspaltung von Chlorwasserstoff entfernt werden.

Tabelle 17

Kristalloptische Daten der festen Phasen

BK

Eigenschaft	$MgCl_2 \cdot 6H_2O$	$MgCl_2 \cdot 6H_2O \cdot 2DMF$	$MgCl_2 \cdot 2H_2O \cdot 4DMF$	$MgCl_2 \cdot 4DMF$	$LiCl \cdot H_2O$	$LiCl \cdot H_2O \cdot DMF$	$LiCl \cdot 4DMF$
Kornform	nadlig säulig	nadlig, säulig, stenglig	taflich	rund, leicht zersetzlich	säulig, abgerundete Ecke	Säule, Spitze abgebrochen	ziemlich platt (zersetzt) wenig säulig
Farbe	farblos	farblos	farblos	farblos	farblos	farblos	farblos
Zwillingbildung	ja	stark ausgeprägt, lamellenartig	nicht	nicht	nicht	nicht	nicht
Spaltbarkeit	längs d. Säulenachse gut	gut längs d. Säulenachse	—	—	längs d. Säulenachse gut	längs d. Säulenachse gut	—
opt. Verhalten	opt. zweiachsig	opt. zweiachsig stark doppelbrechend	opt. zweiachsig	opt. einachsig	opt. zweiachsig	opt. zweiachsig	opt. zweiachsig
opt. Charakter	positiv	positiv	negativ	negativ	evtl. neutral	evtl. neutral	negativ
opt. Orientierung	Achsenebene in Richtung d. Säulen, senkrecht zur Säulenachse	Achsenebene in Richtung d. Säulen senkrecht zur Säulenachse	bzgl. einer Kristallfläche Achse schräg	nicht feststellbar	nicht ganz senkrecht z. Säulenachse	opt. Achse senkrecht auf Säulenachse (andere in Säulenachse)	opt. Achse wenig geneigt zur normalen
Achsenwinkel	2 V 70°	2 V 65°	anhand d. Schnittes zu einer Achse 80°—90°	nicht feststellbar	2 V: mind. 85° nahe 90°	2 V: mind. 85° nahe 90°	2 V: 50—60°

Auslösung	gerade Auslöschung längs d. Säulenachse	starke Dispersion deshalb keine echte Auslöschung annormal: Interferenzfarbe rot-blau gerade Auslöschung längs d. Säulenachse	bzgl. einer Kristallkante gerade symmetrisch gegenüber andere Kante	nicht zu sehen	gerade bzgl. Säulenachse	gerade bzgl. Säulenachse	nicht zu sehen; nur säulig gerade
Lichtbrechung		1,405 (Silikonöl) 1,502 (Silikonöl)	wenig höher als Mutterlösung deutlich höher als Nadeln	wesentlich höher als Mutterlösung	= 1,405	= 1,405	wesentlich höher als Mutterlösung

Die bei der thermischen Belastung der Aluminium(III)-chlorid- und Magnesium(II)-chlorid-Produkten nachgewiesene HCl-Abspaltung wurde schon früher bei den Hexahydraten $MgCl_2 \cdot 6H_2O$ [238] und $AlCl_3 \cdot 6H_2O$ [239] durch umfangreiche thermoanalytische Untersuchungen nachgewiesen. Der thermische Abbau in den Trockenpistolen verlief bei den Verbindungen $LiCl \cdot H_2O \cdot C_4H_8O_2$, $LiCl \cdot H_2O \cdot DMF$ und $LiCl \cdot 4DMF$ ohne nachweisbare HCl-Abspaltung, weshalb wir die thermische Zersetzung der DMF-haltigen Bodenkörper und vergleichshalber das Abbauverhalten von $LiCl \cdot H_2O$ näher betrachteten.

Hinsichtlich des Schmelz- und Abbauverhaltens der untersuchten Verbindungen kann ausgesagt werden:

— Die bei 25 °C im System LiCl-H_2O-DMF beständigen Verbindungen zeigen in der Reihenfolge $LiCl \cdot H_2O > LiCl \cdot H_2O \cdot DMF > LiCl \cdot 4DMF$ eine zunehmende Stabilität infolge des erhöhten kovalenten koordinativen Bindungscharakters des DMF gegenüber H_2O.
  Die Verbindungen schmelzen inkongruent. Bei erhöhter Temperatur tritt beim Schmelzen des DMF-haltigen Solvates ein weiteres Solvat, das $LiCl \cdot DMF$ auf, welches bisher nicht beschrieben wurde.
— Die Bildungstemperatur des wasserfreien LiCl aus den gesättigten Schmelzen der Solvate oder Mischsolvate steigt auf Grund der erhöhten Siedepunkte der DMF-haltigen Schmelzen gegenüber denen der H_2O-haltigen mit steigendem DMF-Gehalt an.

Die vorliegenden Ergebnisse zum thermischen Abbau von Solvaten des $AlCl_3$, $MgCl_2$ und LiCl belegen, daß

— die Zersetzung zum wasserfreien $AlCl_3$ bzw. $MgCl_2$ infolge der Bildung basischer Produkte nicht realisierbar ist und
— der Abbau von $LiCl \cdot H_2O$ zum LiCl (s) der einfachste und billigste Weg ist.

Indirekt kann gefolgert werden, daß in den vorliegenden Produkten zumindest ein Teil der Liganden (Wasser, organische Lösungsmittel) starke koordinative Bindungen, insbesondere mit den Kationen ($Al^{3+} > Mg^{2+} > Li^+$) ausbilden. Der thermische Abbau der aluminium- und magnesiumhaltigen Produkte ist stets mit der Abgabe von Chlorwasserstoff gekoppelt.

4.2.5. Massenspektrometrische Untersuchungen

Von den folgenden $AlCl_3$-Solvaten wurde massenspektrometrisch die thermische Zersetzung verfolgt: $AlCl_3 \cdot 2$ Acetonitril, $AlCl_3 \cdot 2$ Dioxan, $AlCl_3 \cdot 6DMF$ und $AlCl_3 \cdot 6DMSO$.

Die Untersuchungen wurden, beginnend bei Raumtemperatur, bis zu etwa 500 °C durchgeführt. Dabei ist im Falle des $AlCl_3 \cdot 2AN$ deutlich der Beginn der Zersetzung bei 100 °C zu erkennen. Bei den Solvaten $AlCl_3 \cdot 2$Dioxan und $AlCl_3 \cdot 6DMF$ befinden sich bereits bei 50 °C beträchtliche Anteile der organischen Komponente in der Gasphase, was mit Zersetzungsuntersuchungen auf dem Heiztisch übereinstimmt. Die höchste Intensität der Spezies und damit ihr größter Partialdruck wird bei 300 °C erreicht. In allen vier Fällen bestehen die Massenspektren aus dem Spektrum der jeweiligen organischen Komponente zuzüglich dem des HCl. In der Gasphase konnten im Temperaturbereich bis 500 °C keine $AlCl_3$- oder Al-haltigen Spezies nachgewiesen werden. Dies deutet darauf hin, daß die thermische Zersetzung der vier Bodenkörper als Abspaltung der organischen Liganden und parallel dazu eine Solvolyse des $AlCl_3$ unter Bildung von HCl abläuft. Der Rückstand in der Knudsenzelle bestand im wesentlichen aus Al_2O_3. Die Untersuchungen stimmen mit Hinweisen von ALFSTAD et al. [261] überein, die am $AlCl_3 \cdot 6CH_3OH$ zu ähnlichen Aussagen gelangten.

4.2.6. Zusammenfassende Aussagen zu den Bodenkörpercharakterisierungen

— Die Anwendung der SCHREINEMAKERSschen Restmethode kombiniert mit kristalloptischen Untersuchungen ermöglichen zweifelsfrei den Nachweis und die Ermittlung der Bruttozusammensetzung der Produkte. Mit steigenden Salzkonzentrationen und Viskositäten der anhaftenden Lösungen sowie z. T. bedingt durch die starke Hygroskopizität der Substanzen war die vollständige Abtrennung der Festkörper mit konventionellen Methoden nicht möglich. Für derartige Trennoperationen sollte zukünftig die von FANGHÄNEL [279] entwickelte Hochtemperaturzentrifuge eingesetzt werden.

— Anhand von Röntgendiffraktogrammen konnte von einigen pulverförmigen Solvaten und Mischsolvaten des Aluminium(III)-chlorids das Kristallsystem, Gitterkonstanten, Röntgendichte und z. T. die Raumgruppe ermittelt werden. Zur exakten Strukturaufklärung sind diese Angaben nicht hinreichend. Deshalb werden z. Z. an ausgewählten Substanzen (z. B. $MgCl_2 \cdot 6H_2O \cdot 2DMF$) Kristallstrukturanalysen) durchgeführt.

— Die massenspektrometrischen Untersuchungen der Solvate des Aluminium(III)-chlorids und das thermische Verhalten der Solvate und Mischsolvate der aluminiumchlorid- und magnesiumchloridhaltigen Bodenkörper zeigten, daß die thermische Abspaltung der Liganden (Lösungsmittel oder Lösungsmittelgemisch) parallel mit einer Solvolyse des $AlCl_3$ bzw. $MgCl_2$ unter Bildung von HCl erfolgt. Für eine detailliertere Verfolgung des thermischen Verhaltens müssen zukünftig mehrere Methoden in Kombination (z. B. DTA + Kristalloptik + Gasanalyse) eingesetzt werden.

— Bei den Lithiumchloridsolvaten und -mischsolvaten wurden — u. a. infolge der weitaus schwächeren Bindungen Kation-Ligand — keine Solvolysereaktionen nachgewiesen und die Bildung von wasserfreien LiCl eindeutig bestätigt.

4.3. Mögliche Strukturaussagen aus den Dichten und Viskositäten

Einführend sei auf einige theoretische Aspekte zu Aussagemöglichkeiten anhand von Viskositätsmessungen verwiesen. Für kleine Konzentrationen c, bei denen die unvollständige Dissoziation, Komplexbildung und Ionenassoziation sowie Überlagerung der Wirkungssphären der einzelnen Ionen auszuschließen sind, liegen zahlreiche z. T. aus experimentellen Werten abgeleitete empirische Gleichungen, Modelle und Theorien (z. B. von IONES und TALLEY, FALKENHABEN, KELBG, KRAEFT, ERDEY-GRUZ, STOKES und MILIS, FRANK-WEN, SATOH, KAMINSKY, LEGENDEKKERS) in der Literatur vor [243, 244]. Um zu einer leistungsfähigen Theorie der Viskosität einer elektrolytischen Lösung zu kommen, müssen die oben aufgeführten zahlreichen Wechselwirkungskomponenten in die exakte Theorie eingeführt werden. Die damit verbundenen theoretischen und mathematischen Schwierigkeiten sind aber z. Z. für konzentrierte Lösungen des Typs Salz-H_2O-organische Komponente noch ungelöst.

Die Ermittlung der makroskopischen Größen Dichte und Viskosität wurde deshalb vorgenommen, weil

— anhand des Verlaufes der Dichte- und Viskositätsisothermen in Korrelation zu den Löslichkeitsisothermen (vgl. 4.1.) die Lage der Umwandlungspunkte der Bodenkörper nachweisbar ist,
— in bezug auf die dargelegten Bodenkörpercharakterisierungen die Kenntnisse dieser Stoffwerte der anhaftenden Lösungen notwendig waren (vgl. 4.2.) und
— die Veränderungen der Dichten und Viskositäten indirekt das Solvatationsgeschehen in den Lösungen charakterisieren.

4.3.1. Dichte- und Viskositätsisothermen der Lösungsmittelgemische

Untersuchungen der Dichten der binären Systeme Wasser-Aceton bei 288 K, 298 K, 308 K und 323 K [163] und Wasser-Methanol bei 283 K, 298 K, 313 K und 328 K [245] ergeben über den gesamten Konzentrationsbereich leicht gekrümmte, nahezu parallele Kurven ohne Extrema. Zu gleichen Ergebnissen gelangt man bei der Betrachtung der

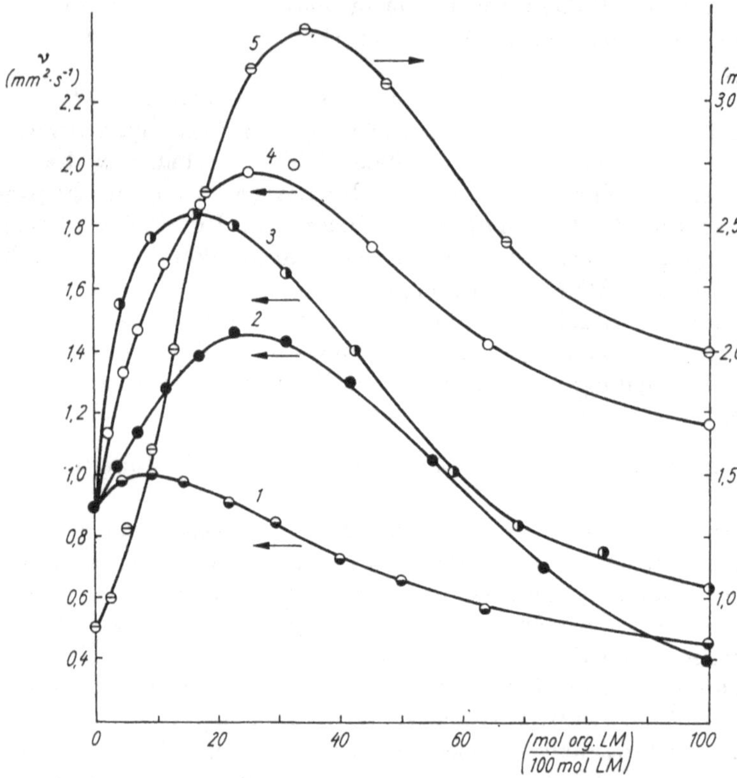

Abb. 14: Kinematische Viskosität wäßrig-organischer Lösungsmittelgemische bei 298 K
1: H_2O-AN *3:* H_2O-THF *5:* H_2O-DMSO [247]
2: H_2O-AC [163] *4:* H_2O-1.4-Dioxan

Dichteisothermen von Wasser-Ethanol, Wasser-Propanol, Wasser-Formamid, Wasser-Acetonitril und Wasser-DMSO. Die Abweichungen der Dichtewerte vom Verhalten idealer Mischungen sind bezüglich des oben aufgeführten Temperaturintervalls bei den tieferen Temperaturen am ausgeprägtesten. Eine Anomalie wurde im binären System

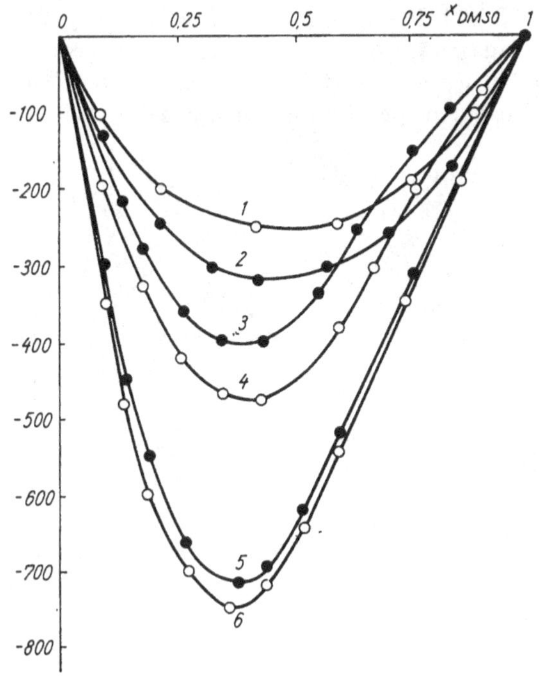

Abb. 15: Thermodynamische Funktionen im System H_2O-DMSO bei 298 K (—●—) und 343 K (—○—) [25]
1 und *2*: ΔG^E *3* und *4*: $T\Delta S^E$ *5* und *6*: ΔH^M

DMF-H_2O bei 298 K beobachtet, im Verlauf der Dichteisotherme konnte bei 5 mol DMF/100 mol LM ein deutliches Minimum beobachtet werden. Bereits bei 293 K ist in Übereinstimmung mit der Literatur [246] dieses Dichteminimum nicht mehr ausgeprägt.

Die Viskositätsisothermen der aufgeführten Systeme zeigen vorwiegend im Gebiet mittlerer Lösungsmittelzusammensetzungen Viskositätsmaxima (Abb. 14), ebenso die thermodynamischen Funktionen der binären Lösungsmittelgemische (vgl. Beispiel Abb. 15). Es ist problematisch, allein aus der Lage der Extrema auf die Zusammensetzung von Addukten, Assoziaten oder Komplexen zu schlußfolgern. Feststellungen bezüglich der Stärke der Wechselwirkungen anhand des Verlaufs der Isothermen sind jedoch berechtigt.

4.3.2. Dichte- und Viskositätsisothermen gesättigter Elektrolytlösungen

Der Verlauf der Dichte- und Viskositätsisothermen der von uns betrachteten ternären Systeme (vgl. 4.1.) bestätigt im allgemeinen den der Löslichkeitsisothermen. Das jeweilige Kurvenbild wird bestimmt durch: die Gleichgewichtstemperatur, die Lösungsmittelzusammensetzung und dominant die jeweiligen Salzgehalte.

Durch das Vorhandensein oder Nichtvorkommen von scharfen Knickpunkten in den Dichteisothermen und besonders deutlich ausgeprägten Extrema im Verlauf der Viskositätsisothermen können Bodenkörperumwandlungen indiziert und ihre Lage im System präzise erfaßt werden. So wurden z. B. im System $MgCl_2$-H_2O-CH_3OH anhand der Dichteisothermen die temperaturabhängige Lage der Umwandlungspunkte $MgCl_2 \cdot 6H_2O$/ $MgCl_2 \cdot 4H_2O \cdot 2CH_3OH$ und $MgCl_2 \cdot 4H_2O \cdot 2CH_3OH$/$MgCl_2 \cdot 6CH_3OH$ exakt belegt [226]. Die in Abb. 16 ausgewählten Dichte- und Viskositätsisothermen der Systeme $AlCl_3$-H_2O-aprotisches LM stehen sowohl im Einklang mit den Löslichkeitsuntersuchungen (vgl. 4.1.) als auch mit den spektroskopischen Ergebnissen (vgl. 4.4.).

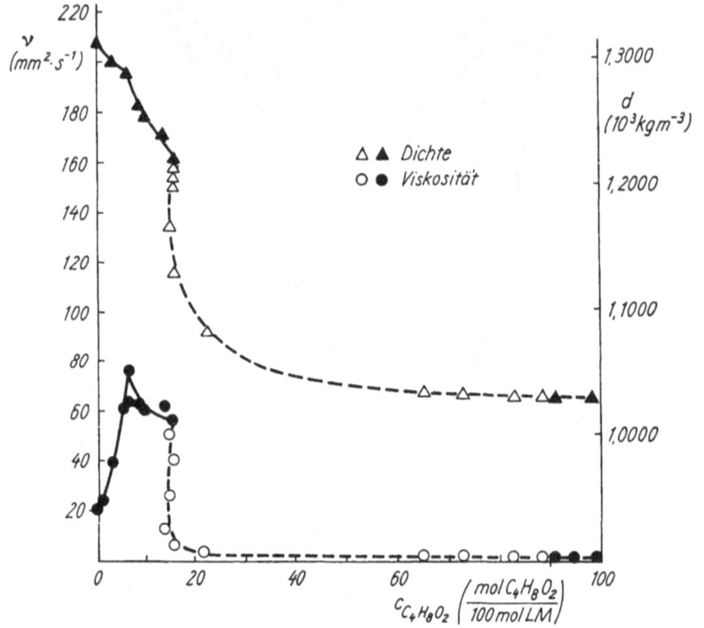

Abb. 16: Dichten und kinetische Viskositäten der Systeme $AlCl_3$-H_2O-aprotisches Lösungsmittel
a) $AlCl_3$-H_2O-1.4-Dioxan

Auf folgendes sei besonders hingewiesen:

Anhand des Systems $AlCl_3$-H_2O-1.4-Dioxan (Abb. 16) wird die Lage des Umwandlungspunktes deutlich sichtbar.

Im System $AlCl_3$-H_2O-Aceton (Abb. 16, Abb. 8, S. 39) wird erkennbar, daß die Dichten der gesättigten Lösungen im wesentlichen durch den $AlCl_3$-Gehalt beeinflußt werden — die kinematischen Viskositäten jedoch trotz kontinuierlicher Abnahme des Salzgehaltes bei einer Acetonkonzentration von 7,2 mol AC/100 mol LM ein Maximum aufweisen. Das Viskositätsmaximum des Lösungsmittelgemisches befindet sich bei einem Molenbruch $x_{AC} = 0{,}237$ (siehe Abb. 14).

Im System $AlCl_3$-H_2O-Acetonitril (Abb. 16) ist ebenfalls der dominante Einfluß der Salzkonzentration ersichtlich. Ein Viskositätsmaximum im wasserreichen Gebiet vor der Mischungslücke tritt im Gegensatz zu den anderen vorgestellten Systemen nicht auf.

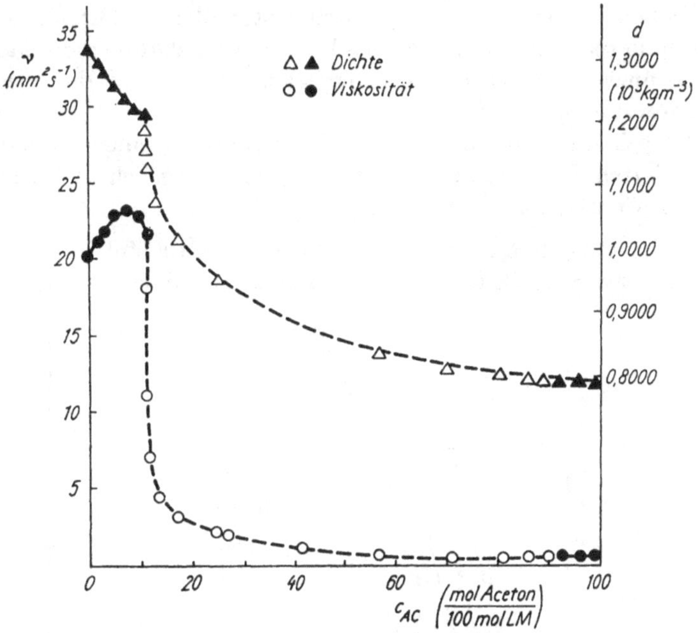

Abb. 16b) $AlCl_3-H_2O$-Aceton

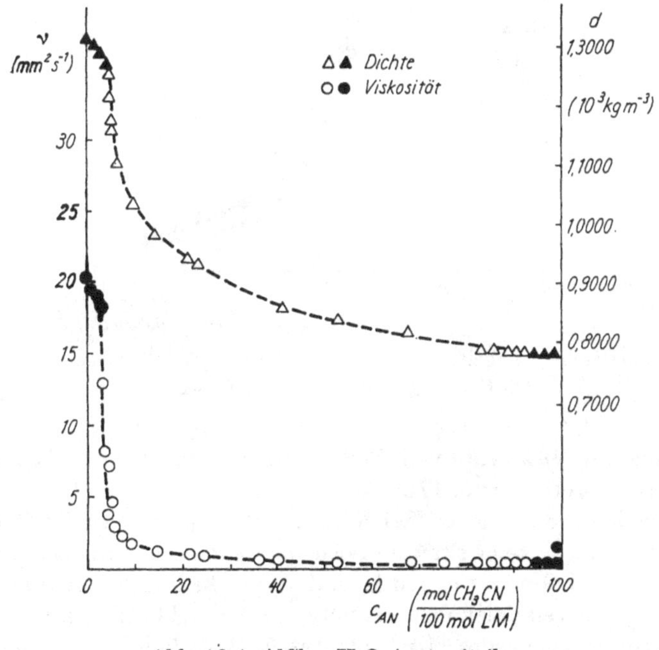

Abb. 16c) $AlCl_3-H_2O$-Acetonitril

Infolge der hohen Donorstärke der aprotisch protophilen Lösungsmittel im Vergleich zu Wasser traten in diesen Systemen bereits bei kleinen Gehalten der organischen Komponente im Lösungsmittelgemisch Löslichkeitsanstiege und in den Gesamtsystemen Bodenkörperumwandlungen auf.

Wie spiegeln sich diese durch die Bodenkörperumwandlungen anhand der festen Phasen manifestierten Veränderungen der Lösungen im Vergleich der Dichte- und Viskositätsisothermen wider? Hierzu einige Beispiele:

Die Löslichkeit des $AlCl_3 \cdot 6\,H_2O$ ist im Beispiel von 0 bis 21,8 Mol-% DMSO im Lösungsmittelgemisch bei 298 K stark ansteigend — damit verbunden ist eine außerordentlich

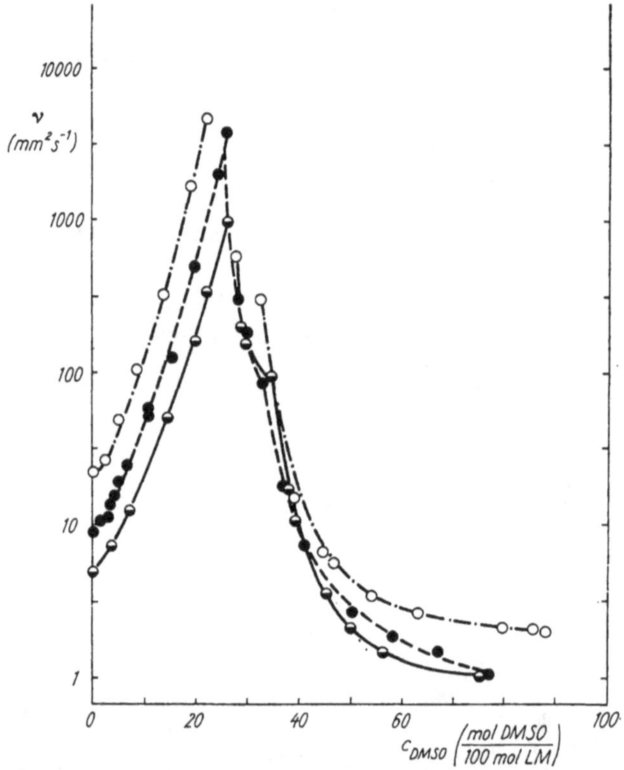

Abb. 17: Kinematische Viskositäten im System $AlCl_3$-H_2O-DMSO bei 298 K (—·—o—·—), 323 K (——●——) und 348 K (——◒——)

starke Erhöhung der Viskosität von 20,2 mm²/s der wäßrigen $AlCl_3$-Lösungen bis auf Werte von ~ 4550 mm²/s (Abb. 17).

Deshalb waren bei 298 K und DMSO-Konzentrationen von 21,8 bis 32,6 Mol-% DMSO im Lösungsmittelgemisch keine exakten Löslichkeitsuntersuchungen möglich. Erst durch die bei Temperaturerhöhung auf 323 K und 348 K bedingte Abnahme der Viskosität (trotz geringfügig höheren Salzkonzentrationen — vgl. Abb. 12) wurden die temperaturabhängigen Existenzgebiete des Mischsolvates $AlCl_3 \cdot 1{,}5\,H_2O \cdot 4{,}5\,DMSO$ erfaßbar.

Sowohl der Verlauf der Dichte- als auch der Viskositätsisotherme (Abb. 18) des Systems LiCl-H_2O-DMF verdeutlicht im Vergleich zu denen des Systems $MgCl_2$-H_2O-DMF (als auch aller nicht explizit dargestellten), daß der Umwandlungspunkt $LiCl \cdot H_2O$/LiCl-H_2O-DMF nicht angezeigt wird. Auf den ersten Blick scheint eine weitgehende Ähnlichkeit der Kurvenbilder der kinematischen Viskositäten des Systems H_2O-DMF und LiCl-H_2O-DMF zu bestehen (Maximum jeweils bei $x_{DMF} = 0{,}35$), nur daß der Salzeinfluß die Absolutwerte der kinematischen Viskosität wesentlich erhöht, Die Erklärung, daß im System die LM-Wechselwirkungen gegenüber den Ion-LM-Wechselwirkungen die dominanten seien, ist jedoch in bezug auf die vorliegenden hohen Elektrolytkonzentrationen sicher irreal.

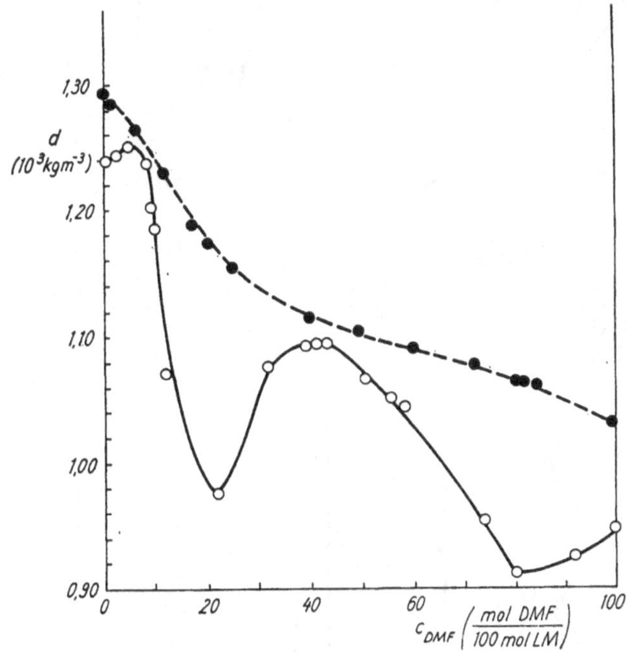

Abb. 18: Dichten (○, ●) und Viskositäten (○, ●) der ternären Systeme
1: $MgCl_2$-H_2O-DMF —○— *2:* LiCl-H_2O-DMF --●--

4.3.3. Dichte- und Viskositätsisothermen bei konstanten Elektrolytkonzentrationen

Hinsichtlich unserer spektroskopischen Untersuchungen, wobei wir bei ausgewählten konstanten Elektrolytkonzentrationen die Umsolvatationsprozesse in der Lösung bei Variation der Stöchiometrie des Lösungsmittelgemisches betrachten, war eine Analyse der Veränderungen der Dichten und Viskositäten unter diesen Bedingungen sinnvoll. Da die Dichten und Viskositäten der Systeme LiCl-H_2O-FA und $MgCl_2$-H_2O-FA aus der Literatur nicht bekannt waren, haben wir diese ermittelt (Abb. 19).

Deutlich erkennbar wird, daß

- bei gleichen Solvenszusammensetzungen eine Zunahme der Dichten und Viskositäten mit steigendem Elektrolytgehalt erfolgt,
- die Elektrolyte LiCl und $MgCl_2$ stark strukturbildend wirken, wobei das $MgCl_2$ auf Grund der höheren Ladungsdichte des Kations und der größeren Ionenstärke den stärkeren strukturbildenden Charakter ausübt.

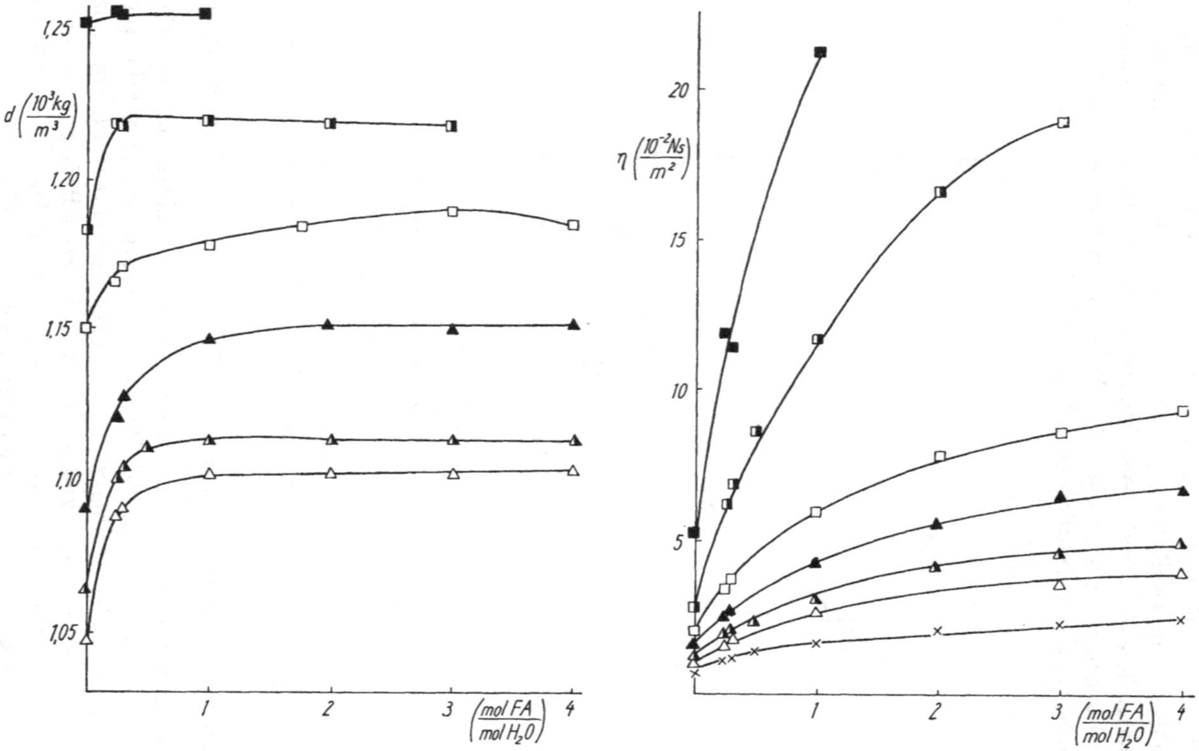

Abb. 19: Dichten (a) und dynamische Viskositäten (b) der Systeme $MgCl_2$-H_2O-FA und LiCl-H_2O-FA bei konstanten Molzahlverhältnissen $n_{Salz}/n_{(FA+H_2O)}$

$MgCl_2$: ■ (1:12), ◨ (1:18), □ (1:24)
LiCl: ▲ (1:12), ◭ (1:18), △ (1:24)
H_2O-FA: ×

4.4. Strukturaussagen aus RAMAN*-spektroskopischen Untersuchungen*

Basierend auf den dargestellten Löslichkeitsuntersuchungen und Bodenkörperparagenesen wählten wir für die spektroskopischen Untersuchungen als Modellbeispiele vor rangig Lösungen nachstehender ternärer Systeme aus:

System			KOLTHOFFsche Klassifizierung
$AlCl_3(MgCl_2, LiCl)$-H_2O	—	Methanol	As
$AlCl_3(MgCl_2, LiCl)$-H_2O	—	Acetonitril	Bb
$AlCl_3(MgCl_2, LiCl)$-H_2O	—	Aceton	Bb
$AlCl_3(MgCl_2, LiCl)$-H_2O	—	DMF	Bc
$AlCl_3(MgCl_2, LiCl)$-H_2O	—	DMSO	Bc

Um zu fundierten Strukturinformationen für hochkonzentrierte Lösungen zu gelangen, hat sich nachstehende Methodik bewährt:

1. Ausgehend von den größtenteils bekannten signifikanten Schwingungsfrequenzen der Lösungsmittel wurden durch Verdünnungsexperimente die spezifischen Frequenzlagen der monomeren Moleküle ermittelt, da in den hochkonzentrierten Lösungen die Eigenschaften der Lösungsmittel nicht dominant sind.
2. Anhand der binären Lösungen verschiedener Zusammensetzung H_2O-organische Komponente wurden die Veränderungen ausgewählter Schwingungsfrequenzen bei der LM-LM-Wechselwirkung verfolgt.
3. Durch Variation einerseits der Lösungsmittelzusammensetzung bei konstanten Salzgehalten und andererseits der Salzgehalte bei konstanter Lösungsmittelzusammensetzung unter Beachtung ganzzahliger Molverhältnisse wurde das Gebiet der konzentrierten Lösungen punktweise rasterartig abgetastet und anhand der Veränderungen der Schwingungsspektren und basierend auf den Kenntnissen von 1 + 2 die Interpretation zur Solvatation der Elektrolyte in hochkonzentrierten Lösungen vorgenommen.

4.4.1. $AlCl_3(MgCl_2, LiCl)$-H_2O-Methanol

Das Verhalten der OH-Valenzbande, die in protischen Lösungsmitteln oftmals zur Strukturinformation herangezogen wird, kann für Methanol-Wasser-Lösungen wegen der Überlagerung der OH-Schwingungen beider Komponenten nicht beachtet werden. Deshalb führten wir umfangreiche Studien zu den Veränderungen des Schwingungsbildes bei spezifischen Wechselwirkungen von Methanol mit ausgewählten Solvenzien und mit verschiedenen Wasseranteilen durch, die wir in [183] ausführlich diskutierten. Hiervon leiten sich die nachstehenden Aussagen bezüglich der signifikanten Veränderungen von Schwingungslagen und -formen ab, die wesentlich für das Verhalten des Solvatationsgeschehens bei Zugabe von Elektrolyten sind: Für die CO-Valenzschwingung und die symmetrische CD_3-Valenzschwingung wurde gefunden, daß

- eine Erniedrigung der Frequenzlage (bezogen auf den Monomerenwert in CCl_4) resultiert, wenn Wasserstoffbrückenbindungen zu den Elektronenpaaren des Methanolsauerstoffs gebildet werden,
- jedoch ein Anstieg der Frequenzlage zu verzeichnen ist, wenn die Bildung der H-Brücke mit dem Proton der Hydroxylgruppe erfolgt.

Die Empfindlichkeit der CO-Frequenz ist für die Bildung der H-Brücke mit dem Proton der Hydroxylgruppe sensitiv, weshalb auch die ϑ_{CO} für reines Methanol höher als für das Monomere bei Verdünnung mit CCl_4 ist. Im Gegensatz zur CO-Frequenz liegt die ϑ^{CD_3} höher für flüssiges Methanol als für das Monomere. Wegen der kettenartig verknüpften Methanolstruktur, bei der durchschnittlich jedes Molekül mit zwei Nachbarn in Wechselwirkung steht, d. h. jeweils eine Bindung von jedem Typ ausgebildet wird, spricht die Erhöhung der ϑ^{CD_3} für eine ausgeprägtere Sensitivität dieser Schwingung und damit für die Wechselwirkungen, die mit den Elektronenpaaren des Sauerstoffs erfolgen.

Die Lage der COH-Deformationsbande erweist sich als ein güter Indikator für die Stärke der H-Brücken, welche die Protonen der Methanolmoleküle eingehen. Zu gleichen Schlußfolgerungen gelangt man anhand der von Falk und Whalley [247] mitgeteilten IR-Daten für δ_{COH} und der Arbeiten von Barnes und Hallam [269].

Die Untersuchungen zeigen, daß in Methanol-Wasser-Gemischen starke Wechselwirkungen zwischen den beiden Komponenten bestehen, bevorzugt aber relativ kräftige H-Brücken von den Protonen der Wassermoleküle zu den Elektronenpaaren des Methanolsauerstoffs. Beim Mischen beider Komponenten ist die dreidimensional vernetzte Struktur des flüssigen Wassers die stabilere, die kettenartige Struktur des flüssigen Methanols wird schneller zerstört.

— Lithium- und Magnesium(II)-chlorid bzw. -perchlorat in Methanol:

Wir können voraussetzen, daß in Lösungen dieser Magnesium- und Lithiumsalze keine Kontaktionenpaare vorliegen. Für die Perchlorate wurde dies eindeutig durch das Nichtvorhandensein von Aufspaltungen oder signifikanten Verschiebungen der ClO_4^--Schwingungen belegt. In bezug auf die Chloride geben verschiedene NMR-Experimente (^{25}Mg-chemische Verschiebung [249], ^{7}Li-chemische Verschiebung [250] und Relaxationsverhalten [251] keine Hinweise für Kontaktionenassoziationen.

In Abb. 20 werden die Veränderungen der ϑ_{CO} und ϑ^{CD_3}, welche bei Zugabe von $MgCl_2$ und $Mg(ClO_4)_2$ zu CD_3OH verursacht werden, aufgezeigt.

Für beide Schwingungen sind neue aufgelöste Linien an der hochfrequenten Seite der Solvensbanden zu beobachten, welche mit steigender Salzkonzentration zunehmen. Abbildung 20 illustriert, daß die CO-Bande von CH_3OH in gleicher Weise aufspaltet wie diejenige von CD_3OH, der neue Wechselwirkungsanteil aber wesentlich weniger deutlich aufgelöst wird.

Bei Zugabe von LiCl wird für beide Schwingungen generell eine hochfrequente Verschiebung registriert. Da aber die Verschiebung im Vergleich zum Solvens, infolge der geringeren Ladungsdichte des Li^+ kleiner ist als im Falle des Mg^{2+} (oder anderer hochgeladener Kationen), resultiert nur eine starke Vergrößerung der Halbwertsbreite und eine hochfrequente Verschiebung des Peakmaximums.

Für die Me_4NCl-CD_3OH-Lösungen konnten keine Veränderungen der CO-Banden beobachtet werden (Abb. 21).

Zusammenfassend lassen die Ergebnisse für die verschiedenen Elektrolyte den Schluß zu, daß die hochfrequenten Komponenten der ϑ_{CO} und $\vartheta_S^{CD_3}$ durch die direkte Koordination von Methanol an die Kationen hervorgerufen werden, wobei der Einfluß der Kationen ähnlich dem von Protonendonator-Molekülen, wie z. B. $CHCl_3$, CH_2Cl_2 und auch H_2O, ist.

Die Tatsache, daß die CO-Frequenz der koordinierten Methanolmoleküle höher ist als die des flüssigen Methanols, scheint auf den ersten Blick unglaubhaft, da in Lösungen von Methanol in $CHCl_3$ oder Wasser, in denen die H-Brücken mit den Elektronenpaaren des Sauerstoffs (lone pairs) dominieren, die ϑ_{CO} im Vergleich zum Methanol niederfrequent verschoben ist. Folglich sollten die Wechselwirkungen der Kationen mit den lone pairs des Methanols durch eine Verschiebung der ϑ_{CO} zu niedrigeren Wellenzahlen angezeigt sein. Es ist jedoch ein anderer Mechanismus, welcher in die direkt entgegengesetzte Richtung wirkt und somit die beobachtete hochfrequente Verschiebung durch

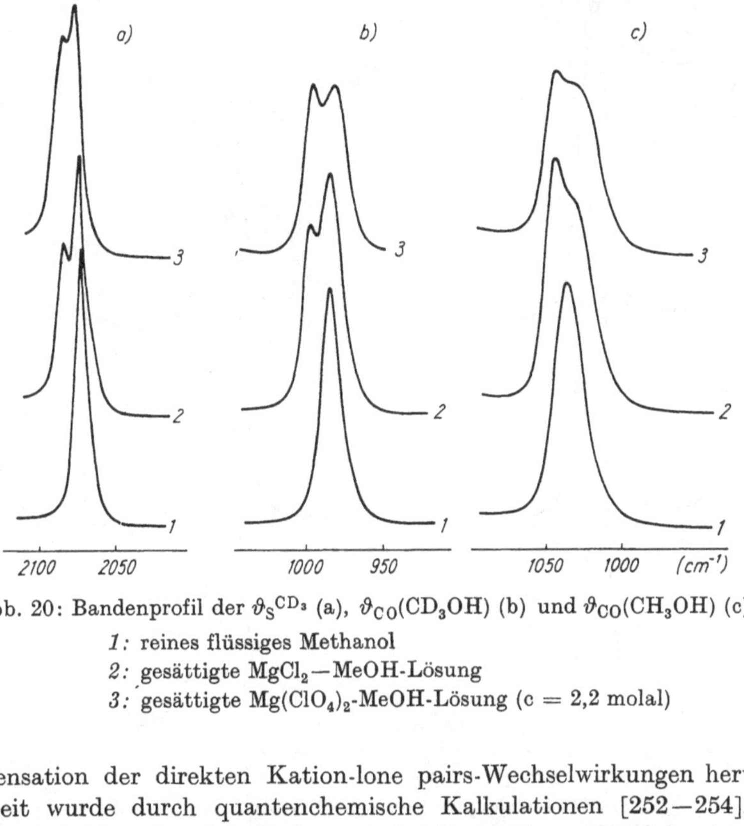

Abb. 20: Bandenprofil der $\vartheta_S^{CD_3}$ (a), $\vartheta_{CO}(CD_3OH)$ (b) und $\vartheta_{CO}(CH_3OH)$ (c) für
1: reines flüssiges Methanol
2: gesättigte $MgCl_2$—MeOH-Lösung
3: gesättigte $Mg(ClO_4)_2$-MeOH-Lösung (c = 2,2 molal)

Überkompensation der direkten Kation-lone pairs-Wechselwirkungen hervorruft. In jüngster Zeit wurde durch quantenchemische Kalkulationen [252—254], Röntgenstreuung [225—257] und molekulardynamische Simulationen [257] bewiesen, daß bei der Koordination von Wassermolekülen an kleine hochgeladene Kationen die Polarität der OH-Bindung steigt, wodurch wiederum sehr starke H-Brücken zu den Wassermolekülen in 2. Koordinationsphäre ausgebildet werden. In einer IR-Studie von Symons und Waddington [258] wurde dargelegt, daß die Stärke der H-Brücken in methanolischen und wäßrigen Lösungen wesentlich unterschiedlich ist, weil bei Wasser die verstärkende Wirkung eines kleinen Kations gemittelt über 12 H-Brückenbindungen (bei oktaedrischer Koordination) zwischen der ersten und zweiten Sphäre verteilt ist, aber nur über 6 im Falle des Methanols. Infolge dieser starken Wasserstoffbrückenbindungen wird die CO-Frequenz der in 1. Koordinationssphäre befindlichen Methanolmoleküle zu höheren Werten verschoben. Da die ϑ_{CO} wesentlich sensitiver ist für die Wechselwirkungen der OH-Protonen als für die Wechselwirkungen mit den lone pairs, führt dieser Mechanismus

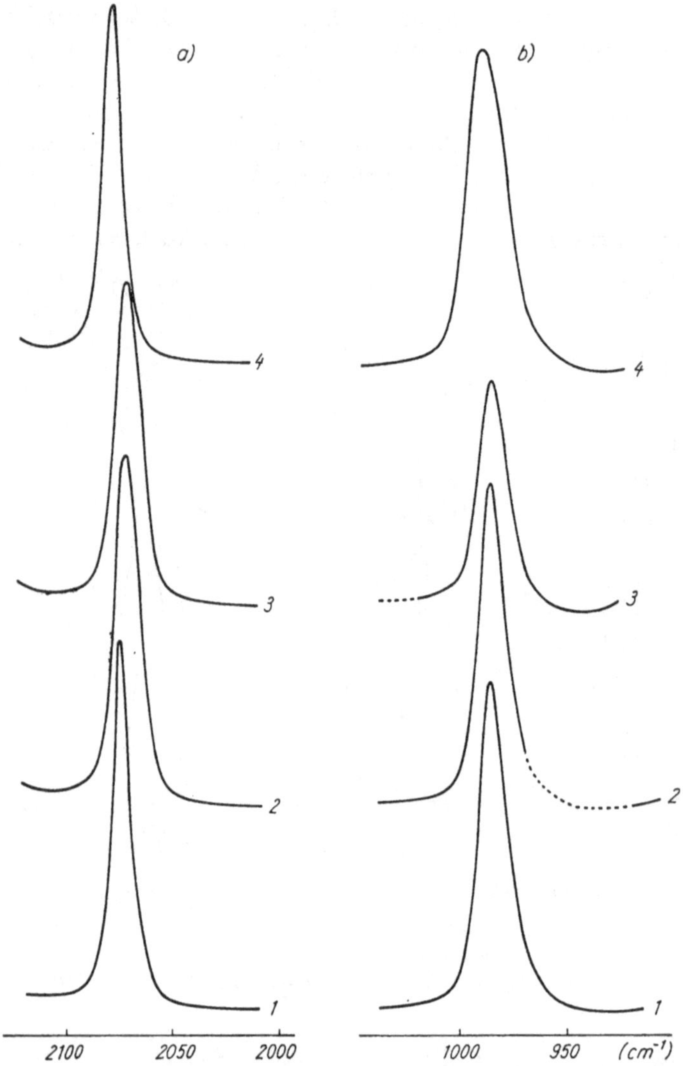

Abb. 21: Bandenprofil der $\vartheta_S^{CD_3}$ (a) und ϑ_{CO} (b) für

1: reines flüssiges CD_3OH *3:* 5 m Bu_4NCl in CD_3OH
2: 5 m Me_4NCl in CD_3OH *4:* 5 m LiCl in CD_3OH

wahrscheinlich zur Überkompensation der niederfrequenten Verschiebung, die hervorgerufen wird durch die direkte Kation-lone pairs-Wechselwirkung.

Im Falle der $\vartheta_S^{CD_3}$, bei der die Wechselwirkungen mit den lone pairs den dominierenden Einfluß ausüben, haben die in erster und zweiter Koordinationssphäre befindlichen Methanolmoleküle eine höhere Frequenz als das bulk-Methanol.

— Zur Solvatation von Magnesium(II)-chlorid in Methanol-Wasser-Gemischen [184]:

Anfänglich hofften wir anhand der intensiven symmetrischen Valenzschwingung ϑ_{1g} des $[MgL_6]^{2+}$-Komplexes separate Linien für verschiedene Gemischtligandenkomplexe

Tabelle 18

Beobachtete Wellenzahlen für einige typische Lösungen von $MgCl_2$ und $Mg(ClO_4)_2$ in Wasser-Methanol-Gemischen (cm^{-1})

Salz	Molzahl-verhältnis	$\vartheta_{1g}(MgL_6^{2+})$ [a] MeOH=CH_3OH	$\vartheta_{1g}(MgL_6^{2+})$ [a] MeOH=CD_3OH	$\vartheta_{CO}(CD_3OH)$		$\vartheta_S^{CD_3}(CD_3OH)$		$\delta_{COH}(CD_3OH)$	$\delta(H_2O)$ [b]
$MgCl_2$	1:16:0	356		—		—		—	1651
	1:9,5:00	355		—		—		—	1653
	1:11,7:4,3	354,5	353	977	993 ± 3 (sh)	2080	2088 ± 3 (sh)	1351	1659
	1:8,8:3,2	353,5	350	979,5	994 ± 3 (sh)	2079	2086 ± 3 (sh)	1354	1659
	1:8,7:7,3	353	350,5	981	994 ± 5 (sh)	2078	2087 ± 3 (sh)	1356	1662
	1:6,6:5,4	352	348	980,5	994 ± 3 (sh)	2078 ± 5	2084 ± 2	1354	1659
	1:0:18,7	353 ± 3	343 ± 2	984,5	997	2074	2084	1363 ± 5	—
$Mg(ClO_4)_2$	1:12,5:0	356		—		—			1630
	1:12,5:4,6	354,5	352,5	974,5	990 ± 3 (sh)	2082,5	2090 ± 3 (sh)	1328, 1390 ± 10 (sh)	1634
	1:12,5:10,4	355,4	351,5	978	993 ± 5 (sh)	2079,5	2089 ± 3 (sh)	1334, 1380 ± 10 (sh)	1639
	1:8,8:3,2	354 ± 2	351 ± 2	976	989 ± 5 (sh)	2084,5	2090 ± 5 (sh)	— [c]	— [c]
	1:6,6:5,4	351 ± 2	347 ± 2	979	989 ± 5 (sh)	2082,5	2088,5	— [c]	— [c]
	1:4,1:7,9	352 ± 3	345 ± 2	979,5	992 ± 3 (sh)	2082	2087	— [c]	— [c]
	1:0:16	357,5 ± 3	343	983	995	2077,5	2088,5	— [c]	— [c]

[a]) L = H_2O oder MeOH; [b]) Peakmaximum im I_{II}-Spektrum; [c]) Wegen Fluoreszenz sind die Banden nicht zu beobachten

$[Mg(H_2O)_n(CH_3OH)_{6-n}]^{2+}$ beobachten zu können. Unsere Messungen ergaben breite Banden (HWB $\approx$ 40 cm^{-1}) und die Peakmaximafrequenzen für $MgCl_2$ in CH_3OH bei 353 cm^{-1} für $Mg(ClO_4)_2$ in CH_3OH 357,5 cm^{-1} · Die ϑ_{1g} des $[Mg(H_2O)_6]^{2+}$ liegt bekannterweise [259] bei 355 cm^{-1}, so daß keine Separierung möglich war.

Dennoch gelang es mittels der ϑ_{1g}-Oktaederschwingung durch Einsatz der Isotopensubstitutionstechnik, wobei stets Lösungspaare mit konstantem Molverhältnis Mg^{2+}: H_2O:MeOH jeweils mit CH_3OH oder CD_3OH präpariert wurden, quantitative Aussagen zur Zusammensetzung der 1. Koordinationssphäre zu treffen.

Betrachten wir den Effekt dieser $CH_3OH \rightarrow CD_3OH$ Substitution auf die Frequenzlage der Oktaederschwingung anhand der zwei Grenzfälle:

1. Wenn die Kationen ausschließlich hydratisiert vorliegen, dann dürften keine Differenzen für beide Lösungen zu beobachten sein.
2. Wenn in der 1. Solvatationssphäre des Ions sich jeweils 6 Methanolmoleküle befinden, dann beträgt das Frequenzverhältnis

$$\vartheta_{1g}(CH_3OH)/\vartheta_{1g}(CD_3OH) = \{M_{CD_3OH}/M_{CH_3OH}\}^{1/2} = 1{,}046$$

Für $[Mg(CH_3OH)_6]^{2+}$ beträgt die $\vartheta_{1g}(CH_3OH)$ 355 cm^{-1}, d. h., wir würden durch die Isotopensubstitution eine Frequenzabnahme von 15,5 cm^{-1} erreichen.

Grenzfall 2 konnte experimentell überprüft werden: Für eine nahezu gesättigte $Mg(ClO_4)_2$-Lösung erhielten wir für

$$\vartheta_{1g}(CH_3OH) - \vartheta_{1g}(CD_3OH) = (14{,}5 \pm 4)\ cm^{-1} \text{ und für } MgCl_2 (10 \pm 5)\ cm^{-1}.$$

Tabelle 19 gibt die gemessenen Frequenzen für ausgewählte Lösungen an.

Tabelle 19

Intermolekulare RAMAN-Frequenzen in $AlCl_3$-MeOH-Lösungen

$AlCl_3$-CH_3OH (cm^{-1})	$AlCl_3$-CD_3OH (cm^{-1})	Frequenzverhältnis $\vartheta_{(CD_3OH)}/\vartheta_{(CH_3OH)}$
451	441	1,034
391	381	1,026
304	294	1,034

Es wird ersichtlich, daß die beobachteten Isotopieverschiebungen in allen Lösungen geringer sind, als es vorhersagbar ist für den Fall der nichtselektiven Solvatation, weshalb in Wasser-Methanol-Gemischen die Mg^{2+}-Ionen vorrangig aber nicht ausschließlich hydratisiert vorliegen. Zu gleichen Aussagen gelangten BOUHOUTSOS, BROWN und BRYANT anhand von ^{25}Mg-Kernresonanzuntersuchungen an $MgCl_2$-H_2O-MeOH-Lösungen.

Für die ϑ_{CO} und $\vartheta_S^{CD_3}$-Region, in der für die binären Magnesiumsalz-CD_3OH-Lösungen die hochfrequente Komponente der Koordinierten Methanolmoleküle auftrat, fanden wir bei den ternären Salz-H_2O-MeOH-Systemen Schultern ausgebildet, die mit steigender Salzkonzentration deutlich aufgelöst werden. Ihre relativen Intensitäten sind jedoch geringer als man hypothetisch erwarten würde, wenn die Zusammensetzung der 1. Koordinationssphäre des Ions mit der Stöchiometrie der gemischten Lösungsmittel übereinstimmte. Eindeutig konnte das Anwachsen der relativen Intensität der hochfrequenten Schulter bei zunehmenden Methanolgehalten anhand einer Reihe von Lösungen mit jeweils 12 Solvensmolekülen pro Kation nachgewiesen werden.

Weiterhin zeigte eine eingehende Betrachtung der CO-Banden, daß zur beobachteten starken Bandenverbreiterung nicht nur die höher-frequente Schulter, sondern auch eine niederfrequente Komponente beiträgt. Nach unserer Meinung ist die Intensität in der niederfrequenten Region auf die Methanolmoleküle in der 2. Solvatationssphäre des Kations zurückzuführen. Die H-Brückenbindungen dieser Moleküle zu den Wasser- oder Methanolmolekülen in der 1. Koordinationssphäre sind wesentlich stärker als im bulk-Solvens. Da — wie bereits mehrfach dargelegt — die H-Brückenbindungen zu den lone pairs die Abnahme der ϑ_{CO} bewirken, sind die Frequenzen dieser Spezies reduziert.

Für die COH-Deformationsbande, welche ein Indikator für die Stärke der H-Brückenbindungen ist, die die OH-Protonen des Methanols eingehen, sind für die ternären $MgCl_2$-Lösungen zwei Faktoren evident:

1. Die Verschiebung des Peakmaximums von durchschnittlich 1380 cm^{-1} für die Lösungsmittelgemische zu 1351···1356 cm^{-1} bei den $MgCl_2$-Lösungen (Tab. 19).
2. Ein deutlich ausgeprägter hochfrequenter Flügel beginnend bereits bei 1400 cm^{-1}.

Die niederfrequente Verschiebung des Peakmaximums indiziert wiederum, daß die meisten MeOH-Moleküle sich außerhalb der ersten Solvatationssphäre befinden, der geringe hochfrequente Anteil ist auf die wenigen Methanolmoleküle in 1. Sphäre zurückzuführen, die zu stärkeren H-Brücken als das Solvent befähigt sind.

Die Analyse des COH-Deformationsgebietes zeigte bei 1330 cm^{-1} für $Mg(ClO_4)_2$-H_2O-CD_3OH-Lösungen eine klar ausgeprägte niederfrequente Komponente, die auf die Ausbildung von H-Brücken der Methanolmoleküle zu den Perchlorationen $CH_3OH \ldots O\ ClO_3$ zurückzuführen ist. Dies steht im Einklang mit der hochfrequenten Komponente der OH-Valenzschwingung, die an methanolischen Perchloratlösungen [260, 262] beobachtet wurde und ebenfalls auf der Methanol-Perchlorat-Wechselwirkung beruht.

Weitere nicht näher dargelegte Informationen zur Anionensolvatation in den ternären Lösungen anhand der H_2O-Deformationsbande berechtigten zu den Schlußfolgerungen, daß die Perchlorationen wahrscheinlich eine gemischte Solvatationssphäre in MeOH-H_2O-Gemischen haben — die Chloridionen zumindest partiell hydratisiert vorliegen.

— Aluminium(III)-chlorid in Methanol:

Es sind übereinstimmend und zweifelsfrei für die gesättigten $AlCl_3$-CH_3OH- und $AlCl_3$-CD_3OH-Lösungen im intermolekularen Gebiet drei polarisierte Linien mittlerer Intensität zu beobachten (Tab. 20).

Tabelle 20

Beispiele für die Berechnung von $y^{exp.}$

$Al^{3+}:H_2O:MeOH$	$[Al(H_2O)_{6-y}(MeOH_y)]^{3+}$		$y^{exp.}$	$y^{nichtselektiv}$
	MeOH=CH_3OH ϑ_1 (cm^{-1})	MeOH=CD_3OH ϑ_1 (cm^{-1})		
1:6:12	518,5	512,5	1,64	4,0
1:16,5:8	525,5	523,5	0,5	2,0

Tabelle 21

RAMAN-Frequenzen von $AlCl_3$-AN-Lösungen und $[AlCl(AN)_5][AlCl_4]_2 \cdot AN(AlCl_3 \cdot 2AN)$ im Spektralbereich von 100—600 cm^{-1}

Lösung $AlCl_3:CH_3CN$ 1:6,86	Festkörper $AlCl_3 \cdot 2CH_3CN$	Lösung $AlCl_3:CD_3CN$ 1:6,86	Festkörper $AlCl_3 \cdot 2CD_3CN$	Zuordnung
122				$\vartheta_2(E)$ $[AlCl_4]^-$
180	180	182	181	$\vartheta_4(F_2)$ $[AlCl_4]^-$
247	255	245	241	$\delta(B_2$ oder $E)$ $(AlClY_5)$[1]
261	268		269	$\delta(A_1)$ $(AlClY_5)$[1]
302 p	301	294 p	293	$\vartheta_5(A_1)$ $(AlClY_5)$[1]
349 p	351	354	351	$\vartheta_1(A_1)$ $[AlCl_4]^-$ u. $\vartheta_8(E)$ CD_3DN
380	383			$\vartheta_8(E)$ DH_3CN
			407 sh	
430	434	410	413	$\vartheta(E)$ (AlY_5)[1]
451 sh	451	444	446	$\vartheta(B_1)$ (AlY_5)[1]
476 p	464	474 p	461	$\vartheta(A_1)$ Al-Cl
	487		487	
496	499	497	499	$\vartheta_3(F_2)$ $[AlCl_4]^-$
	522		522	

[1]) Y = CH_3CN bzw. CD_3CN

Eine deutliche Verschiebung der Frequenzlagen ist bei Isotopensubstitution ($CH_3OH \rightarrow CD_3OH$) nachweisbar. Anhand der Frequenzverhältnisse ($m_{CD_3OH}/m_{CH_3OH} = 1{,}046$) kann keine der drei polarisierten RAMAN-Linien einem $[Al(MeOH)_6]^{3+}$-Kation zugeordnet werden. Des weiteren dürfte im Falle eines Hexasolvates $[ML_6]^{n+}$ nur eine polarisierte Linie gemessen werden. In den wäßrigen $AlCl_3$-Lösungen ist konzentrationsabhängig nur das $[Al(H_2O)_6]^{3+}$-Kation existent. Bekanntlich werden die mittelstarke polarisierte Schwingung $\vartheta_1(A_{1g})$ bei 525 cm^{-1} (H_2O) oder 504 cm^{-1} (D_2O) und die zwei depolarisierten Schwingungen $\vartheta_2(Eg)$ und $\vartheta_5(F_{2g})$ beobachtet.

Eine Zuordnung der drei polarisierten RAMAN-Linien zu symmetrischen Valenzschwingungen von Gemischtliganden-Komplexen der Form $[AlCl_n(MeOH)_{6-n}]^{(3-n)+}$ steht im Einklang mit Ergebnissen von Kernresonanzuntersuchungen. Die Frequenzen und relativen Intensitäten der polarisierten Banden in $AlCl_3$-MeOH-Lösungen sind auch bei Verdünnung mit Methanol nachweisbar, weshalb die Bildung der Chlorokomplexe nicht mit einer Solvensmangelerscheinung erklärbar ist, sondern höchstwahrscheinlich partiell auf sterischen Faktoren beruht, da der Raumbedarf für Chloridionen geringer ist als für die Methanolmoleküle. Für die Ausbildung von $[AlCl_4]^-$-Komplexen — die in den $AlCl_3$-AN-Lösungen nachweisbar sind (vgl. 4.3.2.) — gibt es keine Hinweise.

Wie ausführlich für die $MgCl_2$-MeOH-Lösungen bereits dargelegt, werden auch bei den aluminiumchloridhaltigen Lösungen neue hochfrequente Komponenten an den ϑ_{CO} und $\vartheta_S^{CD_3}$-Banden beobachtet.

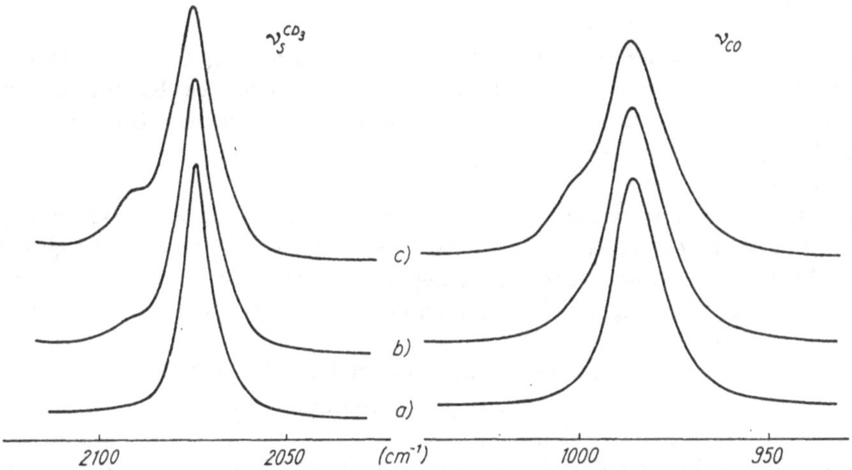

Abb. 22: ϑ_{CO} und $\vartheta_S^{CD_3}$-Bandenprofil für

a) reines CD_3OH

b) $AlCl_3$-CD_3OH-Lösung ($n_{AlCl_3}:n_{CD_3OH} = 1:63$)

c) $AlCl_3$-CD_3-OH-Lösung ($n_{AlCl_3}:n_{CD_3OH} = 1:29,3$)

— $AlCl_3$-H_2O-MeOH-Lösungen:

Hinweise auf die Bildung von $[AlCl_n(MeOH)_{6-n}]^{(3-n)+}$-Komplexen sind anhand der drei polarisierten Linien im intermolekularen Bereich (vgl. $AlCl_3$-MeOH) nur für sehr methanolreiche und hochkonzentrierte Solvensmangellösungen bis zum Molverhältnis $AlCl_3:H_2O:MeOH = 1:2:16$ erhältlich. Betrachtet man Verdünnungsreihen — z. B. bei Zugabe von H_2O-Methanol-Gemischen mit den Molverhältnissen $H_2O:MeOH = 1:8$ bzw. 1:17 — so kann der rasche Abbau der Chlorokomplexe gezeigt werden.

In den übrigen ternären wasserreichen hochkonzentrierten Lösungen sind $[Al(H_2O)_{6-y} \cdot (MeOH)_y]^{3+}$-Kationen wechselnder stöchiometrischer Zusammensetzung ausgebildet. Aussagen zur selektiven Solvatation des Al^{3+}-Ions sind auf zwei verschiedenen Wegen quantitativ möglich:

1. Weg: Aus der Verschiebung der ϑ_1-Bande der Hexasolvate bei Isotopensubstitution $CH_3OH \rightarrow CD_3OH$:

Nach Gl. (1) kann der Parameter y, welcher die mittlere Zusammensetzung der Solvathülle beinhaltet, aus der Verschiebung ϑ_1 berechnet werden:

$$\Delta\vartheta_1 = \frac{y^{exp}}{6} \cdot \vartheta_1[Al(CH_3OH)_6]^{3+} \cdot \left(1 - \sqrt{m_{CH_3OH}/m_{CD_3OH}}\right) \qquad (1)$$

Aus den gemessenen Differenzen der ϑ_1-Frequenzen für jeweils ein Lösungspaar gleicher Molzahlverhältnisse aber unterschiedlicher Isotope (CH_3OH oder CD_3OH) wurde nach Gl. (1) y ermittelt. Die Beispiele belegen, daß y^{exp} — die mittlere Zahl der Methanolmoleküle in der 1. Koordinationssphäre — deutlich unter den für die nichtselektive Solvatation berechneten Werte liegt, d. h. Wasser wird bevorzugt an das Al^{3+}-Ion entsprechend seiner höheren Donorstärke koordiniert.

2. Weg:

Das Profil der $\vartheta_S^{CD_3}$-Bande erlaubt die rechnerische Separierung in 2 Teilbanden, welche eindeutig den am Al^{3+}-Ion direkt koordinierten Methanolmolekülen und den übrigen Methanolmolekülen zugeordnet werden können. Aus ihren relativen Intensitäten (Peakflächeninhalten) ist die mittlere Zahl y der am Al^{3+}-Ion koordinierten Methanolmoleküle bestimmbar.[1])

Diese Auswertung war möglich bis zu Wassergehalten $x_w < 0{,}4$; bei höheren Wasserkonzentrationen ist die relative Intensität der hochfrequenten Komponente (koord. CH_3OH-Moleküle) für eine exakte Flächenberechnung zu gering. Die ermittelten Werte sind auch im methanolreichen Gebiet < 2 und sinken mit steigenden Wassergehalten im Solvensgemisch stark ab.

Die hochfrequenten Verschiebungen sind gemäß der höheren Ladungsdichte im Falle des Al^{3+} (17 cm^{-1} für ϑ_{CO}, 18 cm^{-1} für $\vartheta_S^{CD_3}$) wesentlich größer als für Mg^{2+} (12,5 cm^{-1} für ϑ_{CO}, 10 cm^{-1} für $\vartheta_S^{CD_3}$), weshalb eine rechnerische Bandenseparierung mit einer hinreichenden Genauigkeit möglich ist. Gemäß Weg 2 ermittelten wir, daß $9{,}1 \pm 1\%$ der totalen Intensität der $\vartheta_S^{CD_3}$-Schwingung auf die hochfrequente Komponente entfallen. Bei Annahme, daß sich die Streuquerschnitte der koordinierten Methanolmoleküle und der übrigen nicht wesentlich unterscheiden, befinden sich somit nur $\sim$ 3 MeOH-Moleküle durchschnittlich in der 1. Sphäre. Dieser niedrige Wert steht im Einklang mit dem Ergebnis $n_S = 3{,}7 \pm 0{,}2$ von ^1H-NMR-Studien an $AlCl_3$-MeOH-Lösungen [262]. Des weiteren werden dadurch die beobachteten Schwingungen und ihre Zurückführung auf die Koordinaten von Chloridionen in der 1. Sphäre des Al^{3+} bestätigt. Dies ist in völliger Übereinstimmung mit den Ergebnissen von WAWER [167] und widerlegt zweifelsfrei die getroffenen Schlußfolgerungen von BUSLAJEV et al. [263], der anhand der Aufspaltung von Protonenresonanzsignalen die Koexistenz von ungestörten $[Al(MeOH)_6]^{3+}$-Spezies und solvensgetrennten Ionenpaaren $[Al(MeOH)_6Cl_n]^{3-n}$ postuliert und den direkten Kontakt Al—Cl ausschließt.

4.4.2. $AlCl_3(MgCl_2$, LiCl)-H_2O-Acetonitril

Die Löslichkeitsuntersuchungen (vgl. 4.1.2.) belegen die außerordentlich hohe Konzentration des Aluminium(III)-chlorids in wasserfreiem Acetonitril.

Da zu Beginn unserer Arbeiten noch wesentliche Unklarheiten über die Struktur der kationischen Teilchen in $AlCl_3$-CH_3CN-Lösungen bestanden, führten wir zunächst einige Untersuchungen an wasserfreien Lösungen sowie an den festen Solvaten $AlCl_3 \cdot 2\,CH_3CN$ und $AlCl_3 \cdot 2\,CD_3CN$ durch. Im Spektralbereich von 100—600 cm^{-1} wurden die wichtigsten RAMAN-Frequenzen des $[AlCl(AN)_5]^{2+}$- und des $[AlCl_4]^-$-Komplexes sowohl in den Festkörpern als auch in den Lösungen nachgewiesen (vgl. Tab. 22). Diese Resultate stützen die Aussage, daß der im Festkörper durch Röntgenstrukturanalyse bereits nachgewiesene $[AlCl(AN)_5]^{2+}$-Komplex, auch als dominierendes Teilchen in der Lösung existiert. Die von uns ermittelten Schwingungsfrequenzen des $[AlCl(AN)_5]^{2+}$ im Festkörper und in der Lösung stehen in Übereinstimmung mit den von DALIBART et al. [265, 177] ermittelten Daten.

[1]) Einschränkend muß darauf verwiesen werden, daß dies nur zulässig ist, wenn die Streuquerschnitte der am Ion koordinierten und der nichtkoordinierten Moleküle sich nicht wesentlich unterscheiden, wie im Falle des Methanols.

Tabelle 22

C—C- und C=N-Valenzschwingungsfrequenzen von CH_3CN und CD_3CN im reinen Lösungsmittel und in $AlCl_3$-AN-Lösungen

Schwingung (cm⁻¹)	Lösungsmittel		$AlCl_3$-AN-Lösungen		Strukturtyp
	CH_3CN	CD_3CN	(CH_3CN)	(CD_3CN)	
(C—C)	919	833	919	833	I
			963	873	III
(C≡N)	2254	2263	2253	2263	I
			2342	2335	III

In allen Spektren der wasserfreien $AlCl_3$-Lösungen ist im Vergleich zum reinen Acetonitril eine deutliche Aufspaltung sowohl der C—C- als auch der C≡N-Schwingungsbande festzustellen:

Tabelle 23

C—C- und C≡N-Valenzschwingungsfrequenzen von CH_3CN und CD_3CN in den festen Solvaten $[AlCl(AN)_5][AlCl_4]_2 \cdot AN$

Schwingung	CH_3CN (cm^{-1})	CD_3CN (cm^{-1})	Zuordnung
ϑ(C—C)	925	836	AN nicht koordinativ gebunden
	951	862 sh	AN koordiniert, trans
	962	870	AN koordiniert, äquatorial
ϑ(C≡N)	2258	2268	AN nicht koordiniert
	2331	2325	AN koordiniert, trans
	2340	2336	AN koordiniert, äquatorial

Die Aufspaltung zeigt an, daß zwei Arten verschieden gebundener AN-Moleküle vorliegen: freies AN (Typ I) und koordiniertes AN (Typ III). Die Kraftkonstanten der C—C- und C≡N-Bindungen der kationisch koordinierten AN-Moleküle (Typ III) sind im Vergleich zu den freien AN-Molekülen (Typ I) erhöht. Aus diesem Grund verschieben sich die RAMAN-Frequenzen beider Valenzschwingungen durch die Koordination zu höheren Wellenzahlen.

In den Spektren der Festkörper $AlCl_3 \cdot 2CH_3CN$ und $AlCl_3 \cdot 2CD_3CN$ erscheinen im Gebiet der C—C- und C≡N-Valenzschwingung jeweils zwei Banden für das koordinierte Acetonitril. Dieser Sachverhalt ist darauf zurückzuführen, daß die 5 Acetonitrilliganden des Chloropentakis (Acetonitril)-aluminium(III)-Komplexes im Festkörper nicht gleichwertig gebunden sind. Nach einer Röntgenstrukturanalyse von HOWARD et al. [235] beträgt die Al-N-Bindungslänge zu den vier äquatorialen Acetonitrilmolekülen 1,983 $\times 10^{-10}$ m. Sie ist $0{,}059 \cdot 10^{-10}$ m kleiner als die Bindung zum transständigen Acetonitrilmolekül. Die Schwingungsbande mit der geringeren Intensität und der kleineren Wellenzahl ist demnach dem trans-Acetonitril zuzuordnen (Tab. 24).

Tabelle 24

Wellenzahlen von $AlCl_3$-AN-H_2O-Lösungen
($n_{AlCl_3}:n_{AN}:n_{H_2O} = 1:0,68:3,9$)

Lösung 1			Lösung 2			Zuordnung
ϑ (cm⁻¹)	I	$\mathscr{L}$	ϑ (cm⁻¹)	I	$\mathscr{L}$	
121	w	dp	122	w	dp	$\vartheta_2(E)\ [AlCl_4]^-$
180	m	dp	181	m	dp	$\vartheta_4(F_2)\ [AlCl_4]^-$
233	vw					$\delta[Al(AN)_x(H_2O)_y]^{3+}$
260	vw					
349	vs	p	350	vs		$\vartheta_1(A_1)\ [AlCl_4]^-$ und $\vartheta_8(E)\ CD_3CN$
381	m	dp				$\vartheta_8(E)\ CH_3CN$
433	m	dp	409	m	dp	Al-AN-Valenz.
499	w	dp	497	m	dp	$\vartheta_3(F_2)\ [AlCl_4]^-$

1) mit CH_3CN 2) mit CD_3CN

In der Übereinstimmung mit den Arbeiten von HOWARD belegen die Spektren der Festkörper, daß in die Kristallstruktur der Solvate nicht koordinativ gebundene Lösungsmittelmoleküle eingebaut sind, da die RAMAN-Frequenzen der „freien" Solvensmoleküle auch zu beobachten sind.

— Aluminiumchlorid-Acetonitril-Lösungen mit geringen Wassergehalten:

Aus dem Vergleich der Schwingungsfrequenzen der wasserfreien Lösungen im Spektralbereich von 100 bis 600 cm^{-1} mit denen der wasserhaltigen Lösungen (Tab. 25) ist zu ersehen, daß in den wasserhaltigen Lösungen die Banden des $[AlCl(AN)_5]^{2+}$-Komplexes nicht auftreten, während die RAMAN-Banden des $[AlCl_4]^-$-Ions nach wie vor vorhanden sind.

Die Bindung des zugesetzten Wassers erfolgt demnach vorrangig unter Verdrängung des am Oktaederkomplex gebundenen Acetonitrils und führt zur Ausbildung von

Tabelle 25

C—C- und C≡N-Valenzschwingungsfrequenzen von CH_3CN und CD_3CN in $AlCl_3$-AN-H_2O-Lösungen (cm^{-1})

Schwingung	$AlCl_3$-AN-H_2O		Zuordnung Strukturtyp
	Proben CH_3CN	Proben CD_3CN	
ϑ(C≡N)	2254	2263	I
	2271	2283	IV
	2337	2330	III
ϑ(C—C)	919	833	I
	927 sh	840 sh	IV
	960	872	III

Gemischtligandenkomplexen unterschiedlicher Zusammensetzung. Das Nichtauftreten der Al-Cl-Valenzschwingung bei 476 cm^{-1} (CH_3CN) bzw. 474 cm^{-1} (CD_3CN) legt die Schlußfolgerung nahe, daß durch die Bindung der Wassermoleküle neben einem Teil des Acetonitrils die Cl^--Ionen aus dem Oktaederkomplex verdrängt werden. Die Stabilität der $[AlCl_4]^-$-Ionen in diesen Lösungen bestätigt Aussagen von GALOVA und LUX [172, 266], daß die Substitution von Acetonitrilliganden leichter erfolgt als die der Chloridionen und steht in Übereinstimmung mit der Tatsache, daß für Chloridionen eine höhere Donorzahl (DN = 27) errechnet wurde [78] als für Acetonitril (DN = 14,1) bekannt ist. Unsere Untersuchungen bestätigen allerdings nicht in jeder Beziehung die Aussage der genannten Autoren, daß die Al-Cl-Bindung stärker ist als die Al-OH_2-Bindung. Bei den Versuchen, höhere Wassergehalte in den Lösungen zu erreichen, mußten wir stets Ausfällungen von $AlCl_3 \cdot 6\,H_2O$ feststellen, die nur erklärbar sind, wenn auch $[AlCl_4]^-$-Ionen durch Wasser angegriffen werden. Trotz der direkten Koordination von Wasser an Al^{3+}-Ionen ist in den Spektren keine Al-O-Schwingung zu beobachten. In den Lösungen liegt demnach kein einzelner definierter Gemischtligandenkomplex vor, sondern es koexistieren verschiedene Komplexe mit unterschiedlichen AN/H_2O-Verhältnissen in einem dynamischen Gleichgewicht. Im Bereich der C≡N- und C—C-Valenzschwingung (vgl. Tab. 26) ist bei den wasserhaltigen Proben eine dreifache Aufspaltung zu beobachten.

Neben den direkt am Al^{3+} gebundenen Acetonitrilmolekülen (Typ III) und dem nicht koordinativ gebundenen Acetonitril (Typ I) muß in diesen Lösungen demnach eine weitere Art der Bindung von Acetonitrilmolekülen vorliegen, deren C≡N-Schwingungsfrequenzen zwischen denen der Typen I und III einzuordnen ist. Aus unseren Untersuchungen zum binären System CD_3CN-H_2O [267] ist bekannt, daß sich zwischen Wasser und Acetonitril Wasserstoffbrückenbindungen ausbilden, die im binären System zu einer Erhöhung der C≡N-Valenzsschwingungsfrequenz von 2263 cm^{-1} auf 2270 cm^{-1} führen. In den untersuchten ternären Lösungen können sich die Wasserstoffbrückenbindungen des Typs II CD_3CN ... H—O$\diagup$H nicht ausbilden, da das gesamte Wasser koordinativ am Aluminium gebunden ist. Es besteht jedoch die Möglichkeit, daß sich Acetonitrilmoleküle an den bereits koordinativ gebundenen Wassermolekülen, d. h. in der 2. Solvatationssphäre des Al^{3+} anlagern, was zur Ausbildung von Wasserstoffbrückenbindungen des Typs IV führt:

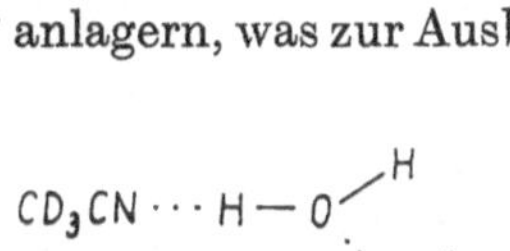

Diese Wasserstoffbrückenbindungen sind auf Grund der großen Acidität der im Hexaquoaluminium(III)-Komplex gebundenen Wassermoleküle stärker als die des Typs II, was eine etwas höhere C≡N-Frequenz für die ersten erwarten läßt. Die bei 2283 cm^{-1} (CD_3CN) bzw. 2271 cm^{-1} (CH_3CN) zu beobachtende und mit steigendem Molverhältnis H_2O : AN an Intensität zunehmende Bande ordnen wir deshalb den nach Typ IV gebundenen Acetonitrilmolekülen zu. Die von uns gefundene Frequenz von 2271 cm^{-1} im System AlCl-CH_3CN-H_2O stimmt sehr gut mit der von IZDEBSKA und BUSLAEVA [268] im IR-Spektrum erhaltenen Peakposition für die Bande dieser Acetonitrilspezies überein. Analoge Aufspaltungen sind im Gebiet der C—C-Valenzschwingung zu beobachten (Tab. 26). Wegen der geringeren Frequenzverschiebung zwischen den verschiedenartig gebundenen Acetonitrilmolekülen erscheint jedoch die von den in 2. Koordinationssphäre gebundenen Solvensmoleküle verursachte Bande nur als hochfrequente Schulter an der Komponente der bulk-Solvens-Moleküle.

— Wasserreiche acetonitrilhaltige Elektrolytlösungen:

In den Spektren der wasserreichen Lösungen aus Aluminium(III)-chlorid-Wasser-Acetonitril (Abb. 23) treten im Spektralbereich von 100 bis 600 cm^{-1} neben der CCN-Defor-

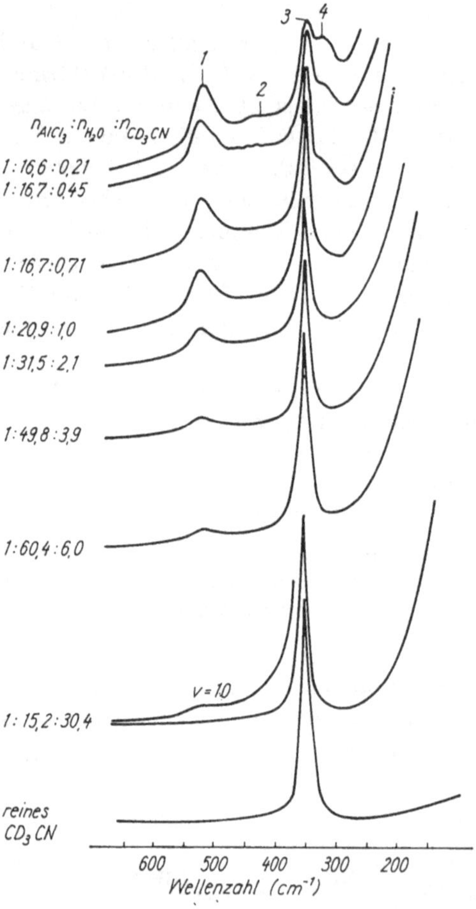

Abb. 23: RAMAN-Spektren (I) von Lösungen aus Aluminiumchlorid-Wasser-Acetonitril im Spektralbereich 100 bis 600 cm^{-1}

1: $\vartheta_1(A_{1g})$ $Al(H_2O)_6]^{3+}$ *3:* $\vartheta_8(E)$ CD_3CN
2: $\vartheta_2(E_g)$ $[Al(H_2O)_6]^{3+}$ *4:* $\vartheta_5(F_{2g})$ $[Al(H_2O)_6]^{3+}$

mationsschwingung $\vartheta_8(E)$ der Acetonitrilmoleküle bei 351 cm^{-1} nur noch die Schwingungen des $[Al(H_2O)_6]^{3+}$-Komplexes auf.

Die Hexaquoaluminium(III)-Ionen existieren demnach in allen untersuchten Lösungen des wasserreichen Teiles des ternären Systems $AlCl_3$-H_2O-Acetonitril.

Die C≡N-Valenzschwingungsbande weist im Vergleich zum reinen Acetonitril eine Verschiebung des Peakmaximums um 4 bis 7 cm^{-1} in Richtung höherer Wellenzahlen und eine extreme Vergrößerung der Halbwertsbreiten von 7,6 cm^{-1} bis auf 20 cm^{-1} aus (Abb. 24). Die Verschiebung der CN-Bande besitzt in den ternären Lösungen die gleichen Werte wie sie an den binären Wasser-Acetonitril-Gemischen ohne Elektrolytzusatz von uns ermittelt wurden. Die Erhöhung der C≡N-Frequenz im binären Solvensgemisch sowie die Vergrößerung der Halbwertsbreite, die bei einem Molenbruch von $X_{H_2O} = 0{,}8$ einen Maximalwert von $\Delta\vartheta_{1,2} = 13$ cm^{-1} erreicht, ist auf die Überlagerung zweier

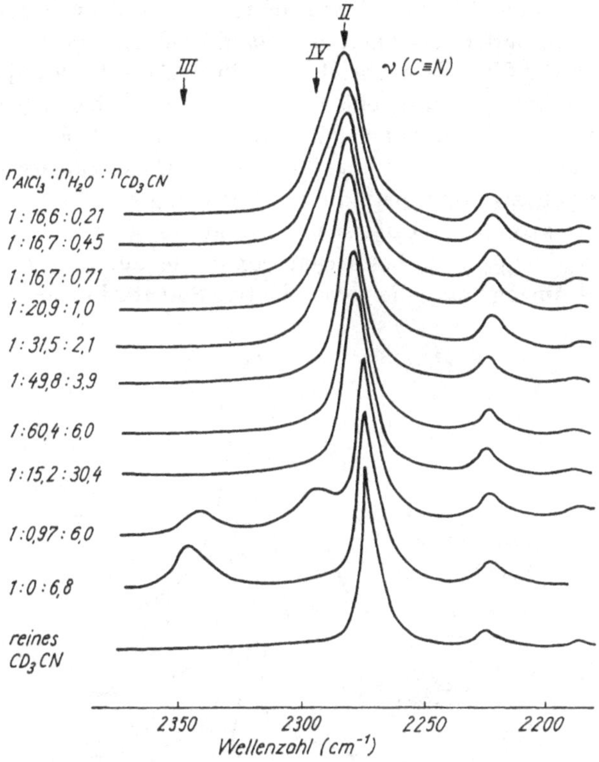

Abb. 24: RAMAN-Spektren ($I_{||}$) des C≡N-Valenzschwingungsgebietes

Teilbanden zurückzuführen, die dem freien Acetonitril-(Typ I) und den über eine H-Brücke an Wasser gebundenen Acetonitril-Molekülen (Typ II) entsprechen [267]. Durch den Elektrolytzusatz erfolgt eine nochmalige Vergrößerung der Halbwertsbreite, da eine weitere Subbande hinzukommt, die von den über Wasserstoffbrückenbindungen an den Hexaquoaluminium(III)-Komplex angelagerten Acetonitrilmolekülen (Typ IV) verursacht wird. Die Wasserstoffbrückenbindungen des Typs IV $CD_3CN \ldots H{-}O\langle^{H}_{Al^{3+}}$ sind auf Grund der größeren Acidität der Protonen der im Hexaquoaluminium(III)-Komplex gebundenen Wassermoleküle stärker als die mit freiem Wasser gebildeten ($CD_3CN \ldots H{-}O{\diagup}^{H}$; Typ II), was eine etwas höhere C≡N-Frequenz für die erstgenannten Spezies erwarten läßt. Dementsprechend ist im Spektrum auf der hochfrequenten Seite der C≡N-Bande eine Asymmetrie vorhanden, die mit steigender $AlCl_3$-Konzentration immer ausgeprägter wird.

Die gleichen Tendenzen — allerdings in abgeschwächter Form — können ebenfalls am Bandenprofil und der Frequenzlage der C—C-Valenzmode $\vartheta_4(A_1)$ beobachtet werden. Zu beachten ist, daß auf der hochfrequenten Seite der C—C-Bande bei 870 cm^{-1} eine zusätzliche aber intensitätsschwache RAMAN-Linie auftritt, die direkt koordiniertes CD_3CN vortäuschen kann. (In den wasserarmen Lösungen wird die C—C-Bande der koordinierten CD_3CN-Moleküle bei 872 ± 1 cm^{-1} beobachtet.) Beim Einsatz von CH_3CN anstelle von deuteriertem Acetonitril erscheint die Bande bei der gleichen Wellenzahl von 870 cm^{-1} — ein dem CD_3CN entsprechender Satellit auf der hochfrequenten Seite fehlt jedoch. Diese experimentellen Ergebnisse zeigen, daß die bei 870 cm^{-1} beobachtete RAMAN-Linie nicht von Acetonitrilmolekülen verursacht wird. Es ist naheliegend, daß diese Bande auf die im RAMAN-Spektrum sehr intensive C—C-Valenzschwingung zurückzuführen ist. Im reinen Acetamid liegt diese Schwingung bei 877 cm^{-1} [269].

Die RAMAN-spektroskopischen Untersuchungen an wasserreichen Lösungen mit Molzahlverhältnissen $n_{H_2O}/n_{AlCl_3} > 6$ bestätigen somit die aus den Löslichkeitsuntersuchungen gewonnene Aussage über die homoselektive Solvatation des Aluminiumchlorids

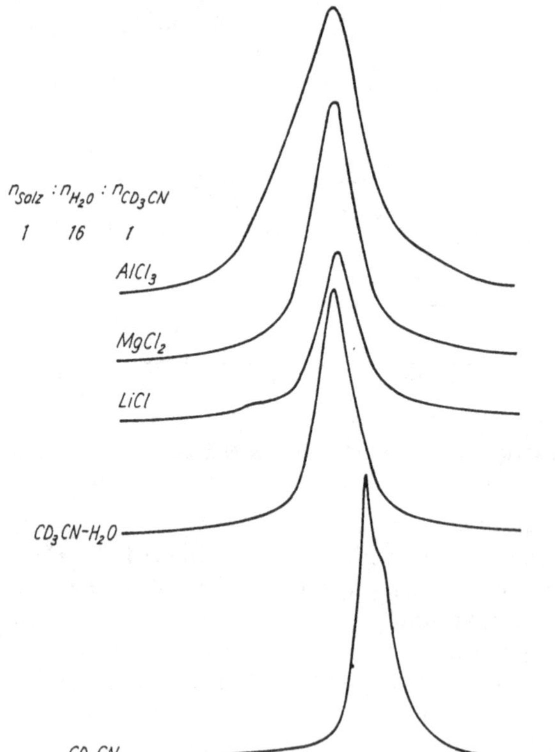

Abb. 25: RAMAN-Spektren ($I_{\parallel}$) des C≡N-Valenzschwingungsgebietes von Lösungen aus Salz-Wasser-Acetonitril

a) $n_{Salz}:n_{H_2O}:n_{CD_3CN} = 1:16:1$

im Solvensgemisch Wasser-Acetonitril. Acetonitril ist in diesen Lösungen nicht in der 1. Koordinationssphäre an die Al^{3+}-Ionen angelagert, es ist jedoch befähigt, eine H-Brückenbindung mit dem $[Al(H_2O)_6]^{3+}$-Komplex auszubilden.

Die folgende Abbildung zeigt das C≡N-Valenzschwingungsgebiet einer gesättigten acetonitrilhaltigen Aluminium(III)-chlorid-Lösung im Vergleich zu Lösungen mit LiCl

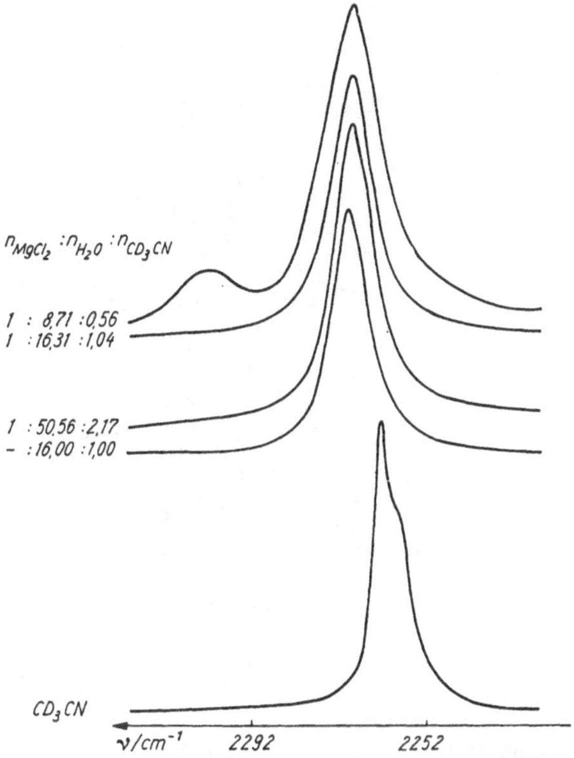

Abb. 25b) $n_{MgCl_2}:n_{H_2O}:n_{CD_3CN}$ für 1 = 1:8,71:0,56
2 = 1:16,13:1,04
3 = 1:50,56:2,17
4 = 0:16:1

und $MgCl_2$ gleicher Molverhältnisse. Infolge der geringen Ladungsdichte der Kationen Mg^{2+} und Li^+ ist die Energiedifferenz zwischen den verschiedenartigen H-Brückenbindungen (Strukturtypen II, III, IV, Tab. 27) kleiner und folgerichtig ist bei den $MgCl_2$- und LiCl-Lösungen eine geringere Vergrößerung der Halbwertsbreite der C≡N-Valenzschwingung zu beobachten. In Analogie zu den gesättigten Aluminiumchlorid-Lösungen liegen in den Lösungen des $MgCl_2$ und LiCl mit Molzahlverhältnissen $n_{Salz}:n_{H_2O}:n_{Acetonitril} = 1:16:1$ ausschließlich Aquokomplexe der untersuchten Kationen vor.

Der Vergleich von Lösungen mit unterschiedlichen $MgCl_2$-Konzentrationen, jedoch konstanter Solvenszusammensetzung (Abb. 25b) belegt, daß nur bei der nahezu gesättigten $MgCl_2$-Lösung im C≡N-Valenzschwingungsgebiet eine weitere Bande bei 2302 cm^{-1} auftritt, die den direkt am Mg^{2+}-Kation koordinierten Acetonitrilmolekülen zuzuordnen ist. In guter Übereinstimmung mit dieser Frequenzverschiebung stehen die von Goetzee, Sharpe [270] und Perelygin, Klimchuk [109] mitgeteilten Verschiebungen um +38 bzw. +36 cm^{-1} der $\vartheta_{C\equiv N}$, die sie ramanspektroskopisch an acetonitrilhaltigen $Mg(ClO_4)_2$-Lösungen ermittelten

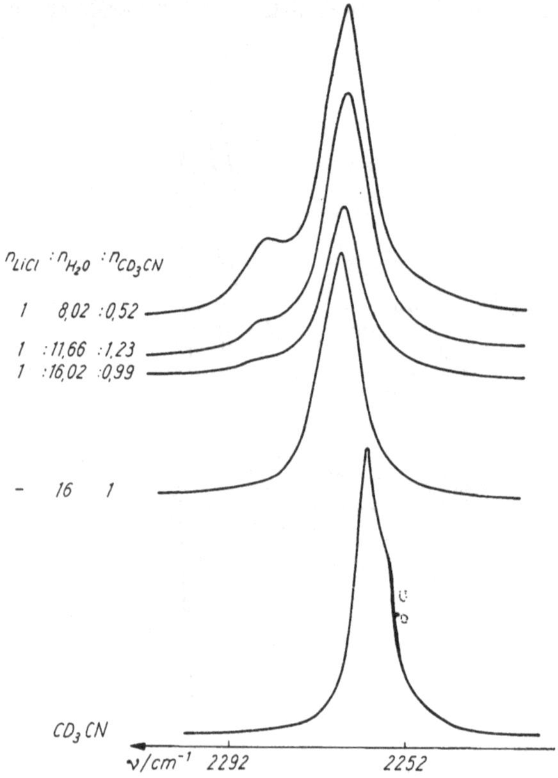

Abb. 25c) $n_{LiCl}:n_{H_2C}:n_{CD_3CN}$ für 1 = 1:8,02:0,52
2 = 1:11,66:1,23
3 = 1:16,02:0,99
4 = 0:16:1

Ähnliche Verhältnisse sind im System LiCl-Wasser-Acetonitril (Abb. 25c) vorzufinden:

- Bei hohen Wassergehalten erfolgt keine direkte Koordination von Acetonitrilmolekülen am Lithiumkation.
- Bei hochkonzentrierten Lösungen ist eine direkte Wechselwirkung Acetonitril-Li^+-Ion nachweisbar.

Diese Aussage wird aus der zusätzlichen Bande bei 2276 cm^{-1} abgeleitet.

In Tab. 26 sind die Zuordnungen der im C≡N-Valenzschwingungsgebiet auftretenden charakteristischen Frequenzlagen mit den jeweiligen Strukturtypen zusammengefaßt. Offensichtlich führt der in den hochkonzentrierten Lösungen bestehende starke Wassermangel zur direkten Wechselwirkung Kation-Acetonitril, obwohl aus koordinationschemischer Sicht Wasser (DN 18) gegenüber Acetonitril (DN 14,1) zur Solvatation von Kationen besser geeignet ist. Die Kation-H_2O-Wechselwirkung ist somit in den hochkonzentrierten Lösungen die dominierende, jedoch nicht die alleinige Wechselwirkung.

Tabelle 26

Zuordnung von C≡V-Valenzschwingungsbanden zu den Strukturtypen

Strukturtyp			$\vartheta_{C\equiv N}$ (cm^{-1})
I	CD_3CN		2263
II	$CD_3CN \ldots H{-}O{-}H$		2270
III	$CD_3CN \ldots M^{n+}$		
		Al^{3+}	2330
		Mg^{2+}	2302
		Li^{+}	2276
IV	$CD_3CN \ldots H{-}O(H)\cdots Al^{3+}$		2283

4.4.3. $AlCl_3(MgCl_2, LiCl)$-H_2O-Aceton

Wir führten die ramanspektroskopischen Untersuchungen an ausgewählten hochkonzentrierten Lösungen aus $AlCl_3(MgCl_2, LiCl)$ in Wasser-Aceton-Gemischen durch, um zu ermitteln, inwieweit in den „Solvensmangellösungen". die direkte Wechselwirkung *Kation-Acetonmolekül* (analog der Kation-Acetonitril-Wechselwirkung, vgl. 4.4.2.) nachweisbar ist oder ob die Ionen ausschließlich gemäß der homoselektiven Solvatation in hydratisierter Form vorliegen.

— Wasser-Aceton:

Die Veränderung der Frequenzen signifikanter Schwingungsbanden des Acetons [269] bei Zugabe von Wasser sind in der folgenden Tabelle aufgezeigt:

Tabelle 27

Wellenzahlen (cm^{-1}) ausgewählter Schwingungsbanden von Wasser-Aceton-Gemischen

Probe	$\vartheta_{C=O}$	ϑ_{C-D}	$\delta_{C-C=O}$	$\varrho_{C=O}$	δ_{C-C-C}
Aceton	1710	787	530	490	390
Aceton (Exp.)	1710	788,5	531	493	393
Molzahlverhältnis Wasser: Aceton					
9:1	1698,5	797,5	540	494	399
8:2	1701	796	538	494	498
7:3	1702	795	536	494	397
6:4	1704	793	535	494	396
5:5	1704	792	534	494	396
4:6	1706,5	790,5	533	494	395
3:7	1706,5	789	532	494	394
2:8	1706,5	788,5	531	494	393
1:9	1707,5	787,5	531	493	392

Im Vergleich zum reinen Aceton wird die Frequenz der C=O-Valenzschwingung deutlich erniedrigt; die C—C-Valenzschwingung sowie die Informationsschwingung ($\delta_{C-C=O}$, $\varrho_{C=O}$, δ_{C-C-C}) weisen höhere Frequenzlagen aus. Durch die Ausbildung einer Wasserstoffbrückenbindung zwischen einem Proton des Wassermoleküls und dem Acetonsauerstoff wird die Bindungsstärke der C—O-Bindung geschwächt und die Deformation des C—C—C- und C—C=O-Gerüstes erschwert. Die aufgezeigten Frequenzänderungen am Acetonmolekül bei Wasserzugabe sind somit eindeutig auf die Ausbildung von Wasserstoffbrückenbindungen zwischen den Wasser- und Acetonmolekülen zurückzuführen.

— Konzentrierte Elektrolytlösungen:

In den Salzlösungen (Tab. 28) ist die Schwächung der C=O-Bindung größer als in den vergleichbaren Lösungsmittelgemischen, wobei für die Al^{3+}-haltigen Lösungen die deutlichsten Verschiebungen (bis 16 cm^{-1}) festzustellen sind. Geringfügig stärker als in den Wasser-Aceton-Gemischen ist bei den Salzlösungen die hochfrequente Verschiebung der C—C-Valenzschwingung und der Deformationsschwingung ausgeprägt. Die Halbwertsbreiten der ϑ_{C-C} der Elektrolytlösungen sind nochmals um 6 cm^{-1} gegenüber den binären Lösungen größer. Bei allen ternären Lösungen wird die Oktaederschwingung A_{1g} der Hexaquokomplexe — $[Mg(H_2O)_6]^{2+}$ bei 352 cm^{-1} und $[Al(H_2O_6]^{3+}$ bei 525 cm^{-1} — beobachtet. Teilweise treten die E_g-(445 cm^{-1}) und die F_{2g}-Schwingung (330 cm^{-1}) des $[Al(H_2O)_6]^{3+}$-Komplexes auf. In den Spektren der lithiumhaltigen ternären Lösungen liegt bei 355 cm^{-1} die bislang nicht eindeutig gesicherte Tetraederschwingung (Rasse A_1) des $[Li(H_2O)_4]^+$-Komplexes.

Die Ergebnisse belegen, daß das Acetonmolekül in Gegenwart der hydratisierten Ionen stärker modifiziert wird als bei der Wechselwirkung mit den Wassermolekülen. Die Protonen der in den Hydrathüllen der Kationen gebundenen Wassermoleküle reagieren

Tabelle 28

Wellenzahlen (cm^{-1}) ausgewählter Schwingungsbanden in den Systemen Salz ($AlCl_3$, $MgCl_2$, LiCl)-Wasser-Aceton

Molzahlverhältnis Salz : H_2O : Aceton	$\vartheta_{C=O}$	ϑ_{C-C}	$\delta_{C-C=O}$	$\varrho_{C=O}$	δ_{C-C-C}
LiCl					
1:2,52:1,05	1704	803,5	540,5	497,5	400
1:2,94:0,96	1702,5	803,5	536,5	494	401
1:3,48:0,89	1700	803	539	494	401
$MgCl_2$					
1:8,85:1,00	1694,5	801,5	541,5	494	401,5
1:9,72:0,91	1694,5	801	543	493,5	401,5
1:9,78:0,87	1694	801,5	542,5	493,5	402,5
$AlCl_3$					
1:16,17:1,87	1696	801,5	541,5	494,5	392,5
1:16,60:1,90	1695	800,5	540,5	495,5	402
1:21,72:1,75	1694,5	801	540,5	495	402

acider und verstärken somit die Wasserstoffbrückenbindungen zum Acetonsauerstoff. Eine direkte Ion-Aceton-Wechselwirkung konnte in den untersuchten Bereichen auch in den gesättigten Lösungen nicht nachgewiesen werden.

4.4.4. $AlCl_3(MgCl_2, LiCl)$-H_2O-Dimethylformamid [192]

Die Untersuchungen der Löslichkeiten und Bodenkörperparagenesen an den konzentrierten Elektrolytlösungen des Typs Salz-H_2O-DMF (vgl. 4.1.3.) führten in Verbindung mit Dichte- und Viskositätsbestimmungen zu der Erkenntnis, daß in den Lösungen Gemischtligandenkomplexe auftreten sollten. Zur Klärung dieser in den Lösungen ablaufenden Umsolvatationsprozesse wurden die nachstehenden Untersuchungen durchgeführt.

— Dimethylformamid-Wasser:

Die Diskussion der Solvenswechselwirkungen erfolgt auf der Basis der Veränderungen von ϑ_{CO}, ϑ_{CN} und δ_{OCN} des DMF-Moleküls und der OH-Valenzschwingung des Wassermoleküls. Die für das DMF typische Bandenform bleibt in den binären Solvensgemischen weitgehend erhalten, jedoch werden starke DMF-H_2O-Wechselwirkungen durch folgende, mit steigendem Wassergehalt deutlich zunehmende, Veränderungen indiziert:

- Eine Verschiebung von ϑ_{CN} und δ_{OCN} nach höheren Frequenzen,
- eine Vergrößerung der Halbwertsbreite der OCN-Bande bis auf das 2,5fache des Wertes von reinem DMF,
- eine niederfrequente Verschiebung und Zunahme der Halbwertsbreite der CO-Bande.

In der Übereinstimmung mit den Untersuchungsergebnissen anderer Autoren [246, 271, 272] sind die aufgezeigten Veränderungen der DMF-Schwingungen mit der Bildung von Wasserstoffbrücken zwischen den Wasserprotonen und dem Carbonylsauerstoffatom des DMF-Moleküls zu erklären.

— Konzentrierte Elektrolytlösungen:

Gemischtligandenkomplexe wechselnder Zusammensetzung, wie auch spezifische Gleichgewichte zwischen verschiedenartigen Komplexstrukturen, sind in den ternären Lösungen aus *Salz-Wasser-Dimethylformamid* wahrscheinlich, da DMF infolge seiner höheren Donorstärke das in den Aquokomplexen gebundene Wasser substituieren kann. ^{27}Al-Kernresonanzuntersuchungen (vgl. 4.4.3.) belegen, daß in diesen Lösungen das Al^{3+} nur in oktaedrischer Koordination vorliegt. Bei der Koordination an die Kationen ändern sich einige Schwingungsfrequenzen des DMF signifikant. Am deutlichsten ist dies an der OCN-Deformationsschwingung nachweisbar.

In allen untersuchten Lösungen tritt eine neue Komponente bei höheren Wellenzahlen auf (vgl. Abb. 26) deren Abstand zur ursprünglichen Bande der nicht koordinierten Moleküle mit der Ladungsdichte des Kations korreliert. Die Verschiebung beträgt etwa 62 cm^{-1} für Al^{3+}, 27 cm^{-1} für Mg^{2+} und 11 cm^{-1} für Li^+. Sie erfolgt damit in gleicher Richtung, aber viel stärker als bei der Bildung einer H-Brücke Wasserproton-Carbonylsauerstoff.

Zusätzlich erkennt man besonders bei den $AlCl_3$-Lösungen, daß sich auf der hochfrequenten Seite der Teilbande der nichtkoordinierten DMF-Moleküle eine Schulter herausbildet. Wir ordnen diese den DMF-Molekülen in der 2. Solvatationssphäre des Al^{3+} zu, die mit den stark acidischen Protonen der direkt am Al^{3+} angelagerten Wassermoleküle stärkere H-Brücken ausbilden als z. B. in den binären H_2O-DMF-Gemischen.

Das Solvatationsverhalten des Kations wird hauptsächlich — aber nicht ausschließlich — von der Zusammensetzung des Lösungsmittelgemisches bestimmt. Durch Vergleich der OCN-Banden von $MgCl_2$- und $Mg(ClO_4)_2$-Lösungen gleicher Stöchiometrie

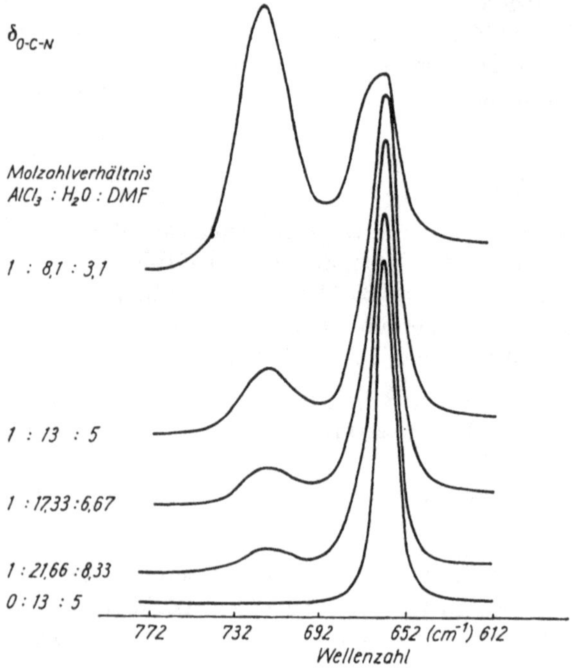

Abb. 26: Verhalten der OCN-Deformation in Abhängigkeit
a) von n_{AlCl_3}/n-Lösungsmittel

(Abb. 26b) läßt sich auch ein Einfluß des jeweiligen Anions nachweisen: In den Chlorid-Lösungen ist der Anteil an koordinierten DMF-Molekülen größer als bei den perchlorathaltigen. Somit kann die Hydratation der Chloridionen bei der Diskussion der Solvatation der Kationen (Al^{3+}, Mg^{2+}, Li^+) nicht unberücksichtigt bleiben. Da ein Teil der vorhandenen Wassermoleküle in der Solvatationssphäre des Cl^--partiell gebunden ist, sind die Kationen zu stärkeren DMF-Wechselwirkungen befähigt. Auf Grund der wesentlich schwächeren Wechselwirkungen des ClO_4^--Ions mit den Wassermolekülen sind die Kationen in diesen Lösungen stärker hydratisiert.

Die deutliche Aufspaltung der OCN-Bande in den ternären $AlCl_3$-H_2O-DMF-Lösungen ermöglicht eine relativ genaue Bestimmung des Anteils der direkt am Al^{3+} koordinierten DMF-Moleküle aus den mittels Bandenseparation erhaltenen Flächen unter den Teilbanden. Dazu wurden die gemessenen Bandenprofile mit einem nichtlinearen Least-squares-Verfahren durch eine Summe von drei LORENTZ-Funktionen angepaßt, welche die DMF-Moleküle in der ersten (Komponente bei $\sim 720\ cm^{-1}$) und der zweiten (Komponente bei $\sim 670\ cm^{-1}$) Koordinationssphäre der Kationen sowie die DMF-Moleküle im übrigen Lösungsgemisch (Komponente bei $\sim$ 660 cm^{-1}) beschrieben. Die erhaltenen Flächenverhältnisse der Teilbanden können jedoch nicht mit den Konzentrationsverhältnissen der drei Spezies gleichgesetzt werden, da sich der Ramanstreuquerschnitt bei Koordination an das Kation ändern kann.

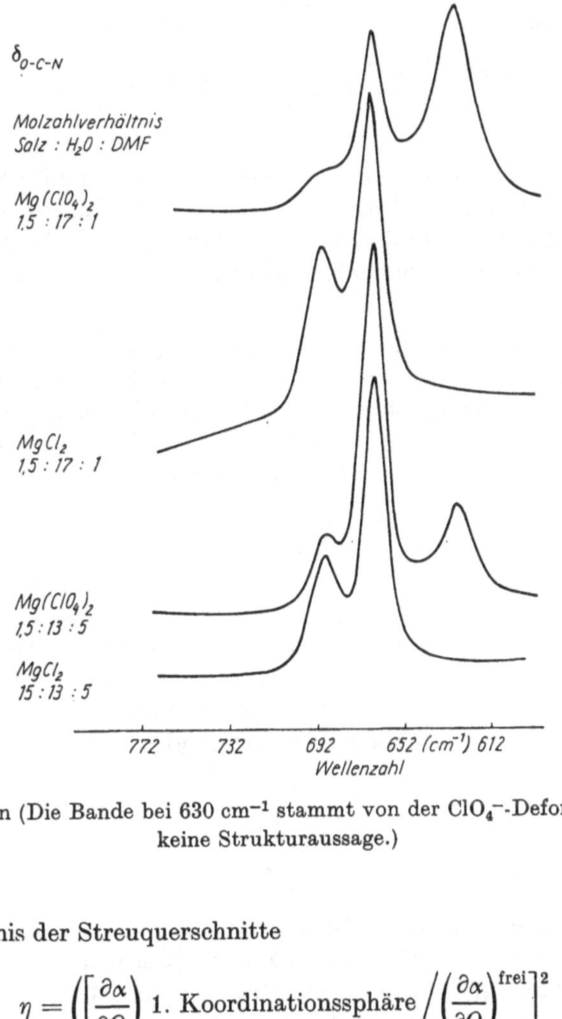

Abb. 26b) vom Anion (Die Bande bei 630 cm^{-1} stammt von der ClO_4^--Deformation und enthält keine Strukturaussage.)

Um das Verhältnis der Streuquerschnitte

$$\eta = \left(\left[\frac{\partial \alpha}{\partial Q}\right) \text{1. Koordinationssphäre} \Big/ \left(\frac{\partial \alpha}{\partial Q}\right)^{\text{frei}}\right]^2 \qquad (2)$$

α — Polarisierbarkeit, Q — Streuquerschnitt

bestimmen zu können, haben wir die Messungen einiger quasibinären H_2O-DMF und ternären $AlCl_3$-H_2O-DMF-Lösung wiederholt, wobei statt DMF eine 0,1 m $NaClO_4$-DMF-Lösung eingesetzt wurde, so daß das ClO_4^- : DMF-Verhältnis in allen Lösungen konstant war. Die $\vartheta_1(ClO_4^-)$-Schwingungen wurden als innerer Intensitätsstandard benutzt, da das ClO_4^--Ion in polaren Lösungsmitteln bekannterweise keine Neigung zur Assoziation zeigt und auch in hochkonzentrierten Lösungen keinerlei Linienverschiebungen oder Aufspaltungen beobachtbar waren.

Die Gln. (3) und (4) ermöglichen die Bestimmung des Verhältnisses der Streuquerschnitte sowie des Anteils x der in der 1. Sphäre des Al^{3+} koordinierten DMF-Moleküls aus den drei experimentell erhaltenen Intensitätsverhältnissen.

$$\left(\frac{I_{OCN}^{gesamt}}{I_{ClO_4^-}}\right)^{ternär} = [1 - (1 - \eta)\, x] \cdot \left(\frac{I_{OCN}}{I_{ClO_4^-}}\right)^{binär} \qquad (3)$$

$$\left(\frac{I_{OCN}^{gesamt} - I_{OCN}^{1.KS}}{I_{ClO_4^-}}\right) = (1 - x) \cdot \left(\frac{I_{OCN}}{I_{ClO_4^-}}\right)^{binär} \qquad (4)$$

Die Gln. (3) und (4) gelten unter der Voraussetzung, daß sich die Streuquerschnitte der in der 2. Sphäre des Al^{3+} befindlichen und der freien DMF-Moleküle nicht unterscheiden. Messungen an verschiedenen Proben ergaben übereinstimmende Werte von $\eta = 0{,}30 \pm 0{,}02$. Diese deutliche Abnahme des Streuquerschnittes bei der Koordination am Al^{3+} zeigt, daß sich

— die Polarisierbarkeit, d. h. die Elektronenbeweglichkeit innerhalb der O=C—N-Bindung, wesentlich verringert bei Koordination an Kationen und
— die gebräuchliche Methode, das Flächenverhältnis der Komponenten aufgespaltener Schwingungslinien mit dem Konzentrationsverhältnis der zugeordneten Spezies zu identifizieren, zumindest bei Amiden nicht anwendbar ist.

In der Abb. 27 sind unter Berücksichtigung des Streuquerschnittes die in 1. Koordinationssphäre am Al^{3+} koordinierten DMF-Moleküle aufgezeigt.

Die eingezeichnete Gerade repräsentiert den hypothetischen Fall einer nichtselektiven Solvatation des Kations. Es wird ersichtlich, daß nur bei $x_{DMF} < 0{,}44$ die DMF-Moleküle im Vergleich zu den Wassermolekülen bevorzugt in die 1. Koordinationssphäre — entsprechend der größeren Donorstärke des DMF — eingebaut werden. Der Selektivitätswechsel könnte auf das schlechte Anionensolvatationsvermögen des DMF sowie die Bifunktionalität des Wassers zurückzuführen sein, welches durch Bildung von Struktureinheiten des Typs

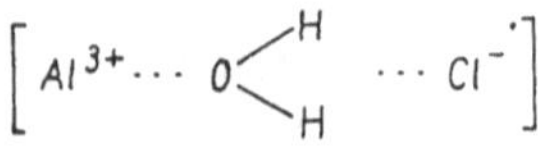

ebenfalls zur Chloridionensolvatation beitragen kann.

Das Solvatationsverhalten des Magnesiumkations ist dem des Aluminiumkations weitgehend ähnlich, während für Li^+-Ionen eine stete Zunahme der Anzahl der in der ersten Koordinationssphäre koordinierten DMF-Moleküle ohne Selektivitätswechsel zu beobachten ist.

Die CN-Valenzschwingung zeigt bei Zusatz von starken Elektrolyten zu DMF-Wasser-Gemischen gleichfalls eine neue Komponente (für $AlCl_3$ bei 1428 cm^{-1}), die jedoch wegen der Überlappung mit den benachbarten CH_3-Deformationsbanden für quantitative Auswertungen nicht geeignet ist.

Im Gebiet der CO-Schwingung war in den Spektren aller untersuchten Lösungen (Elektrolyte: $LiCl$, $LiClO_4$, $NaClO_4$, $MgCl_2$, $Mg(ClO_4)_2$, $AlCl_3$, $AlBr_3$, $GeCl_4$) eine hochfrequente Komponente deutlich sichtbar, deren Intensität mit der Salzkonzentration ansteigt.

Die Frequenz dieser neuen Komponente liegt für alle Lösungen bei $\sim 1690 \pm 5\ cm^{-1}$ und korreliert somit nicht mit der Ladungsdichte oder dem Polarisationsvermögen des betreffenden Kations. Zu dem gleichen Ergebnis kommen auch BUKOWSKA [128] sowie WAGHORNE und RUBALCAVA [126] anhand von RAMAN- bzw. IR-Untersuchungen an DMF-haltigen Elektrolytlösungen. Dies spricht dafür, daß die Wechselwirkung der

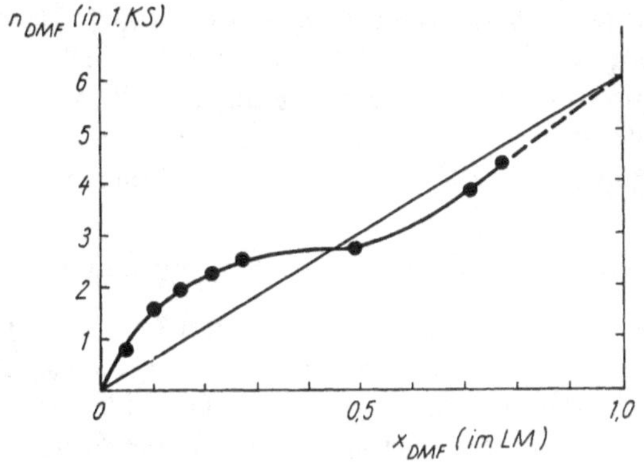

Abb. 27: Solvationszahlen von DMF des Al^{3+} in H_2O-DMF-Gemischen ($n_{AlCl_3}/n_{LM} = 1:18$)

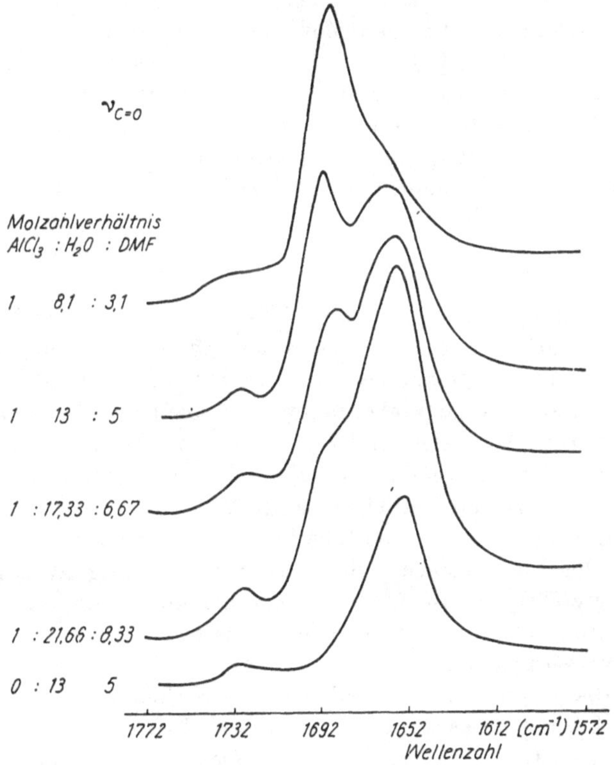

Abb. 28: Verhalten der CO-Valenzschwingung in Abhängigkeit von n_{AlCl_3}/n_{LM}

Kationen mit den lone pairs des Carbonylsauerstoffs nicht rein elektrostatischer Natur sind, worauf auch der veränderte Streuquerschnitt für die OCN-Schwingung hindeutet. Der Einfluß der Art und Größe des Anions auf die Frequenz der CO-Schwingung der koordinierten DMF-Moleküle ist ebenfalls nicht nachweisbar: $AlCl_3$ — 1690 cm^{-1}, $AlBr_3$ — 1690 cm^{-1}, $LiClO_4$ — 1688 cm^{-1}.

Für verdünnte Lösungen (Molverhältnis: Kation/DMF = 1/20) mit konstantem Wassergehalt von 33 Masse-% berichten FUSSENEGGER et. al. [127], daß bei Koordination der Kationen (Li^+, Na^+, K^+, Rb^+, Cs^+, Be^{2+}, Mg^{2+}, Ca^{2+}, Zn^{2+}) an den Carbonylsauerstoff des DMF-Moleküls eine Frequenzerniedrigung der CO-Valenzschwingung erfolgt. Da es sich um verdünnte wäßrige Lösungen handelt, sind die publizierten ϑ_{CO}-Frequenzlagen unserer Meinung nach der DMF-H_2O-Wechselwirkung zuzuordnen.

4.4.5. $AlCl_3$($MgCl_2$)-H_2O-Dimethylsulfoxid

Da DMSO eine größere Donorstärke als DMF besitzt (vgl. Tab. 10), sollten die Wechselwirkungen von DMSO mit den Kationen noch ausgeprägter sein als im Falle der DMF-haltigen Lösungen. Aus den bereits aufgezeigten Löslichkeits-, Dichte-, Viskositätsuntersuchungen und den Existenzgebieten der Bodenkörper ist dieser Tatbestand ableitbar.

— DMSO-H_2O:

Die Halbwertsbreiten der S=O-Valenzschwingung betragen für DMSO ~ 33 cm^{-1} und für DMSO-d_6 nur ~ 12 cm^{-1}. Bei den Messungen am binären Solvensgemisch H_2O-DMSO benutzten KELM et al. [282] nur das undeuterierte organische Lösungsmittel und schlußfolgern aus der Veränderung der Halbwertsbreite auf die Bildung des DMSO · 2 H_2O Adduktes. Unsere Untersuchungen mit DMSO-d_7 zeigten infolge des schmaleren Bandenprofils der $\vartheta_{S=O}$ eindeutig eine Aufspaltung dieser Schwingungsbande, so daß die Separierung in freie DMSO-Moleküle und über H-Brücken mit Wasser koordinierte möglich ist.

— Elektrolyte-H_2O-DMSO:

Bei der Wechselwirkung von Kationen mit DMSO kann anhand der Richtung der Verschiebung der $\vartheta_{S=O}$ beurteilt werden, ob der Sauerstoff oder der Schwefel als Koordinationszentrum wirken. Eigene Messungen mit harten Kationen (Mg^{2+}, Al^{3+}) erbrachten stets Verschiebungen zu tieferen Wellenzahlen und somit den Beleg der Koordination über das Sauerstoffatom. Im Falle der DMSO-Komplexe des Pt(II) und Pd(II) erfolgt die Koordination über den Schwefel und die S=O-Schwingung wird bei höheren Wellenzahlen im Vergleich zum reinen DMSO gemessen [274—277, 223].

PERELYGIN et al. [278] berichten, daß die Frequenzverschiebung bei einer Reihe von Perchloraten von der Ladungsdichte der Kationen abhängig ist ($NaClO_4$ = 6 cm^{-1}, $LiClO_4$ = 9 cm^{-1}, $Mg(ClO_4)_2$ = 16 cm^{-1}) und mit Erhöhung der Salzkonzentration die Bandenintensität zunimmt. Um Aussagen über die Solvatationsverhältnisse an Al^{3+}-Ionen in DMSO-Wassermischungen treffen zu können, wurde das S=O-Valenzschwingungsgebiet und die symmetrischen und asymmetrischen C—S-Valenzschwingungen von ausgewählten Lösungen des ternären Systems $AlCl_3$-DMSO-H_2O aufgenommen.

DMSO ist in Übereinstimmung mit der höheren Donorzahl gegenüber Wasser bei sehr kleinen Gehalten im Lösungsmittelgemisch fast vollständig am Al^{3+}-Ion gebunden. Erst im Spektrum der Lösung mit einem Molzahlverhältnis $AlCl_3:H_2O:DMSO = 1:12:6$ wurden die schmalen Bandenprofile der symmetrischen und asymmetrischen C—S-Valenzschwingung deutlich aufgelöst und eine Zuordnung in freies und koordinativ gebundenes DMSO war möglich.

Unsere Spektren belegen, daß in den hochkonzentrierten $AlCl_3$-H_2O-DMSO- und $MgCl_2$-H_2O-DMSO-Lösungen Gemischtligandenkomplexe der Form $[M(H_2O)_n(DMSO)_{6-n}]^{2+}$ existent sind. So konnte selbst im wäßrigen Bereich die Komplexschwingung des $[Mg(H_2O)_6]^{2+}$-Kations nicht beobachtet werden. Auch in stark verdünnten Lösungen mit größeren Wassergehalten (z. B. Molverhältnis $MgCl_2:H_2O:DMSO = 1:38:4$) ist anhand der Verschiebung der S=O-Valenzschwingung um $\sim 30\ cm^{-1}$ noch die gemäß der höheren Donorstärke des DMSO gegenüber Wasser bevorzugte Koordination an das Mg^{2+}-Kation nachweisbar.

4.4.6. Zusammenfassende Aussagen zu den RAMAN-Untersuchungen

Die vorliegenden spektroskopischen Ergebnisse an ausgewählten Lösungen der ternären Systeme *Salz-Wasser*-organische *Lösungsmittel* und den zugehörigen binären Randsystemen berechtigen zu nachstehenden Schlußfolgerungen hinsichtlich der in den Lösungen auftretenden Wechselwirkungen und Spezies und damit dem Solvatationsgeschehen:

1. Elektrolyte-Wasser-Methanol

— Beim Mischen von Methanol und Wasser ist die dreidimensional vernetzte Struktur des flüssigen Wassers die stabilere; die kettenartigen Verknüpfungen des flüssigen Methanols werden schneller gelöst. Zwischen den beiden Lösungsmitteln bestehen starke Wechselwirkungen — bevorzugt jedoch relativ kräftige H-Brücken zwischen den Protonen der Wassermoleküle zu den Elektronenpaaren des Methanolsauerstoffs.

— Es kann bei Zugabe von Elektrolyten sowohl die direkte Koordination der Methanolliganden an die Kationen — wobei der Einfluß der Kationen dem von Protonendonator-Molekülen ($CHCl_3$, CH_2Cl_2 und auch Wasser) ähnlich ist — als auch die Ausbildung von H-Brückenbindungen zwischen den in 1. Koordinationssphäre befindlichen Wasser- oder Methanolmolekülen zu den in 2. Sphäre belegt werden.

— Die Informationen zur Anionensolvatation berechtigen zu den Schlußfolgerungen, daß die Perchlorationen wahrscheinlich eine gemischte Solvatationssphäre in MeOH-H_2O-Gemischen haben und die Chloridionen zumindest partiell hydratisiert vorliegen.

— Sowohl aus der Verschiebung der ϑ_1-Bande der Hexasolvate bei Isotopensubstitution $CH_3OH \rightarrow CD_3OH$ als auch durch rechnerische Separierung des $\vartheta_S^{CD_3}$-Bandenprofils ist quantitativ die Anzahl der direkt am Kation koordinierten Methanolmoleküle bestimmbar.

— Ausgehend von den in den wäßrigen Randsystemen vorliegenden Aquokomplexen der Kationen ist bei Methanolzugabe die $Al^{3+} \ldots CH_3OH$- wesentlich später als die $Mg^{2+} \ldots CH_3OH$-Wechselwirkung zu beobachten. Dies korreliert mit dem größeren Existenzgebiet des $AlCl_3 \cdot 6\,H_2O$ gegenüber dem des $MgCl_2 \cdot 6\,H_2O$ aufgezeigt in den Löslichkeitsdiagrammen (vgl. 4.1.1.) als auch mit der bekannterweise größeren Stabilität des $[Al(H_2O)_6]^{3+}$-Ions im Vergleich zum $[Mg(H_2O)_6]^{2+}$-Ion.

— In den wasserreichen ternären Lösungen sind $[M(H_2O)_{6-y}(MeOH)_y]^{2+}$-Kationen wechselnder stöchiometrischer Zusammensetzung ausgebildet.

— Der Umsolvatationsprozeß bei Substitution des Wassers durch Methanol verläuft im Falle des Magnesiumchlorids in der Reihenfolge

$$[Mg(H_2O)_6]^{2+} \rightarrow [Mg(H_2O)_{6-y}(MeOH)_y]^{2+} \rightarrow [Mg(MeOH)_6]^{2+}$$

In den Lösungen des Aluminium(III)-chlorids sind abweichend hiervon bei hohen Methanolgehalten Chlorokomplexe des Typs $[AlCl_n(MeOH)_{6-n}]^{(3-n)+}$ existent. Wir ermittelten für die gesättigte methanolische Lösung (Raumtemperatur), daß nur $\sim 2{,}7$ Methanolmoleküle direkt am Al^{3+} koordiniert sind und auch bei Verdünnung mit Methanol das Vorhandensein von Chlorokomplexen belegbar ist, so daß die Bildung dieser Komplexe wahrscheinlich partiell auf sterische Faktoren und keinesfalls auf Solvensmangelerscheinungen zurückzuführen ist. $[AlCl_4]^-$ konnte nicht nachgewiesen werden.

2. Elektrolyte-Wasser-Acetonitril

— Die hohe Löslichkeit des wasserfreien Aluminium(III)-chlorids in Acetonitril (vgl. 4.1.2.) ist im wesentlichen auf nachstehende Autokomplexbildung zurückzuführen:

$$2\,AlCl_3 + x\,CH_3CN \rightleftharpoons [AlCl(CH_3CN)_5]^{2+} + 2\,[AlCl_4]^+ + (x-5)CH_3CN$$

Die signifikanten RAMAN-Frequenzen des $[AlCl(CH_3CN)_5]^{2+}$ und des $[AlCl_4]^-$ konnten in den Lösungen und Festkörpern nachgewiesen werden.

— Bei Zusatz geringer Wassermengen zu den wasserfreien aluminiumchloridhaltigen Lösungen erfolgt die Bindung des Wassers vorrangig an den Oktaederkomplexen unter Verdrängung von Cl^- bzw. AN und führt zur Ausbildung von $[Al(H_2O)_n(AN)_{6-n}]^{3+}$-Komplexen. Als Anion existieren in diesen wasserarmen Lösungen weiterhin $[AlCl_4]^-$-Ionen.

— Im wasserreichen Gebiet der Systeme Salz-Wasser-Acetonitril existieren in den gesättigten Aluminiumchlorid-Lösungen ausschließlich und den Lösungen des $MgCl_2$ und LiCl bis zu Molzahlverhältnissen $n_{Salz}:n_{H_2O}:n_{An} = 1:16:1$ nur Aquokomplexe der untersuchten Kationen.

— In den hochkonzentrierten Lösungen des LiCl und $MgCl_2$ konnten zusätzlich zu den dominierenden Kation-Wasser- die Kation-Acetonitril-Wechselwirkungen nachgewiesen werden, offensichtlich infolge des bestehenden starken Solvensmangels und der sterischen Gegebenheiten.

3. Elektrolyte-Wasser-Aceton

In Gegenwart der hydratisierten Ionen werden signifikante Schwingungen des Acetons wesentich stärker modifiziert als bei der Wechselwirkung mit Wasser, infolge der stärkeren H-Brückenbindungen. Für eine direkte Ion-Aceton-Wechselwirkung liegen keinerlei Hinweise vor.

4. Elektrolyte-Wasser-Dimethylformamid

— Die Untersuchungen am binären System DMF-H_2O belegen, daß zwischen den Wasserprotonen und dem Carbonylsauerstoffatom des DMF-Moleküls H-Brückenbindungen ausgebildet werden.

— Eine direkte Kation-DMF-Wechselwirkung ($Al^{3+} > Mg^{2+} > Li^+$) ist bereits bei Zugabe von kleinen DMF-Gehalten im Einklang mit der Zunahme der Salzlöslichkeiten nachweisbar. Außerdem kann die H-Brückenbindung der Protonen der direkt am Al^{3+}-Ion angelagerten Wassermoleküle mit den DMF-Molekülen in 2. Sphäre erfaßt werden.

— Die Solvatation des Kations wird hauptsächlich von der Zusammensetzung des Lösungsmittelgemisches bestimmt. In den hochkonzentrierten Lösungen ist jedoch der Einfluß des Solvatationsvermögens der Anionen unbedingt zu beachten: So ist ein Teil der vorhandenen Wassermoleküle stärker in den Solvatationssphären des Chlorid- als das Perchlorations gebunden und dies bewirkt, daß in den chloridhaltigen Lösungen der Anteil an kationisch koordinierten DMF-Molekülen größer ist als bei vergleichbaren perchlorathaltigen.

— Die deutliche Aufspaltung der OCN-Bande ermöglichte eine relativ genaue Bestimmung des Anteils der direkt am A^{3+}-Ion koordinierten DMF-Moleküle aus den durch Bandenseparation erhaltenen Flächen unter den Teilbanden. Es ist zumindest für Amide nicht zulässig, die Flächenverhältnisse der Teilbanden mit den Konzentrationsverhältnissen der verschiedenartig gebundenen DMF-Moleküle gleichzusetzen, da sich der RAMAN-Streuquerschnitt bei Koordination an das Kation ändert.

— Am Umsolvatationsprozeß des $AlCl_3$ und $MgCl_2$ konnte gezeigt werden, daß bei Zugabe kleiner DMF-Gehalte die DMF-Moleküle gegenüber den Wassermolekülen bevorzugt in die 1. Koordinationssphäre der Kationen eingebaut werden. Bei größeren DMF-Gehalten ($x_{DMF} > 0.5$) erfolgt ein Selektivitätswechsel, welcher bedingt durch die Bifunktionalität des Wassers auf die Ausbildung von Struktureinheiten des Typs

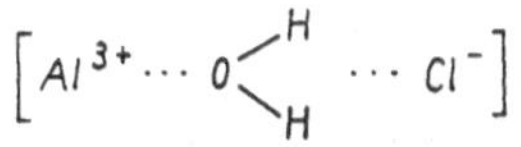

hinweist.

5. Elektrolyte-Wasser-Dimethylsulfoxid

Die bevorzugte Koordination des DMSO gegenüber dem Wasser an die Kationen, welche zur Ausbildung von Gemischtligandenkomplexen des Typs $[M(H_2O)_n(DMSO)_{6-n}]^{2+}$ führt, ist eindeutig belegbar. Ansatzpunkte für die quantitative Erfassung der in den Lösungen ablaufenden Umsolvatationsprozesse wurden aufgezeigt.

4.5. Weitere spektroskopische Untersuchungen zur Strukturaufklärung an Elektrolytlösungen

Bei der Beschreibung der Struktur von Flüssigkeiten wurden wesentliche Fortschritte durch die Kombination der Informationen von Ergebnissen verschiedenartiger Methoden erzielt. Deshalb untersuchten wir an ausgewählten Beispielen, inwieweit die IR/NIR-Spektroskopie, die ^{27}Al-Kernresonanz und die Röntgenbeugung für Strukturuntersuchungen an hochkonzentrierten Elektrolytlösungen relevant sind.

4.5.1. IR/NIR-Spektroskopie

Da die IR-Spektroskopie und die Laser-RAMAN-Spektroskopie sowohl bei den Untersuchungen von Flüssigkeiten als auch von reinen Salzschmelzen als sich ergänzende Methoden angewendet werden, untersuchten wir, ob entsprechende Informationen zur Struktur der ternären Elektrolytlösungen mittels der IR-Spektroskopie unter Anwendung der ATR-Technik erhältlich sind. Wir führten diese Untersuchungen an Lösungen der Systeme LiCl-H_2O-FA, $MgCl_2$-H_3O-FA und $AlCl_3$-H_2O-FA durch. Bislang sind uns keine IR-spektroskopischen Untersuchungen an diesen hochkonzentrierten wäßrigen Elektrolytlösungen bekannt. Durch die Hydrolyse des Formamids in den Lösungen des Systems $AlCl_3$-FA bedingt, waren nur sehr wasserreiche Lösungen stabil und damit der Untersuchung zugängig.

Die IR-Spektren der wäßrigen Elektrolytlösungen wurden mit Hilfe einer Vielfach-ATR-Einrichtung am Specord 71 IR (Wellenzahlenbereich 4600···650 cm^{-1}) und am Specord 75 IR (4000···40 cm^{-1}) sowie die NIR-Spektren (13500···3000 cm^{-1}) am Specord 61 NIR gemessen. Ein Kleinrechnersystem KRS 4200 konnte im on-line-System zur Ermittlung von Differenzspektren im Gebiet 4000···1300 cm^{-1} genutzt werden.

Nachstehende erste Aussagen seien aufgeführt:

- Der Einfluß der Lösungsmittel-Lösungsmittel-Wechselwirkung auf das Schwingungsbild im IR/NIR-Bereich ist wesentlich deutlicher faßbar als der Salzeinfluß. Dies ist ein Hinweis auf starke FA-H_2O-Wechselwirkungen. Erst bei hochkonzentrierten Lösungen wurden die Ion-Lösungsmittel-Wechselwirkungen entsprechend der Ladungsdichte des Kations ($Li^+ < Mg^{2+} < Al^{3+}$) nachweisbar.
- In formamidreichen Lösungen scheint die Grenzstruktur des Formamids mit Doppelbindungscharakter und in formamidarmen Lösungen diejenige ohne Doppelbindungscharakter dominierend. Die Labilität der Bindungsverhältnisse (Amidbindungen) bedingt einen vielfältigen Wechsel der möglichen Koordinationszentren für andere Teilchen (z. B. H_2O und Ionen), weshalb die Strukturaufklärung an formamidhaltigen Lösungen diffizil sind.
- Der geringe Einfluß der Salze auf die H_2O-Oberschwingung bei 10261 cm^{-1} führte zu der Annahme, daß Formamid bevorzugt in der primären Solvatationssphäre der Kationen angereichert sei.
- Aus der Verschiebung sowie der Bandenhöhe der I. Kombinationsschwingung des FA ($\sim$ 9800 cm^{-1}) und der II. Kombinationsbande ($\sim$ 8250 cm^{-1}) kann der Wassergehalt im binären System FA-H_2O annähernd ermittelt werden.

Einschränkend muß bei der Anwendung der ATR-Technik für IR-Untersuchungen an konzentrierten wäßrigen Elektrolytlösungen auf folgende Nachteile verwiesen werden:

- Die Germaniumplatten der ATR-Einrichtung werden von den konzentrierten Lösungen angegriffen,
- aus den dünnen Lösungsschichten kristallisieren sehr schnell bei kleinen Temperaturschwankungen die Salze aus,
- infolge der notwendigen Reinigungs- und Polierarbeiten sowie der dadurch bedingten Neujustierungen an der ATR-Einrichtung sind nur mit größter Sorgfalt hinreichend reproduzierbare Spektren erhältlich.

Insgesamt ist einzuschätzen, daß nach unseren Erfahrungen die Raman-spektroskopischen Untersuchungen wesentlich geringere Aufwendungen und bessere reproduzierbare Schwingungsbilder im Vergleich zu den IR/NIR-Untersuchungen mit den aufgeführten Gerätekombinationen erbrachten, weshalb wir uns verstärkt der leistungsfähigen Raman-Methodik bedienten. Es ist zu betonen, daß diese Einschätzung zur Anwendbarkeit der IR-Spektroskopie beschränkt ist auf die ATR-Technik. Die IR-Fourier-Transform-Spektroskopie mit hochauflösenden Gerätesystemen in Kombination mit der Raman-Methodik sollte speziell für das Forschungsgebiet der hochkonzentrierten Elektrolytlösungen neuartige Möglichkeiten eröffnen.

4.5.2. ^{27}Al-Kernresonanz

Alle drei Kationen (Li^+, Mg^{2+}, Al^{3+}) besitzen Isotope (^{6}Li, ^{7}Li, ^{25}Mg, ^{27}Al), die sich prinzipiell für NMR-Untersuchungen eignen. Auf Grund der experimentellen Verfügbarkeit wandten wir uns vorerst der ^{27}Al-Kernresonanzspektroskopie zu.

Die durchschnittliche Anzahl der in 1. Sphäre koordinierten Lösungsmittelmoleküle kann Raman-spektroskopisch ermittelt werden (vgl. 4.4.). Aussagen bezüglich der Ausbildung von Gleichgewichten verschiedenartiger Komplexe sowie des Vorkommens von isomeren Spezies sind nur durch Kernresonanzmessungen möglich.

Wir versuchten durch Anwendung der ^{27}Al-Kernresonanz mit 104 MHz an der Universität Sheffield[1]) aufgelöste Spektren zu erhalten, nachdem bereits Vorversuche mit dem Breitlinienspektrometer KBR 35/62 bei 16 MHz keine Ergebnisse erbrachten. Auch die Untersuchungen mit dem Hochfeld-Spektrometer führten zu keiner Linienaufspaltung, nur breite unaufgelöste Signale bei 0 ppm, signifikant für oktaedrische Umgebung des Al^{3+}, wurden gemessen.

Der ^{27}Al-Kern mit den Spin 5/2 hat ein elektrisches Quadrupolmoment. Durch die Wechselwirkung des Quadrupolmomentes mit dem elektrischen Feldgradienten am Ort des Aluminiumkerns kommt eine Verbreiterung der Resonanzlinien zustande, insbesondere bei starker Quadrupolwechselwirkung auf Grund verzerrter Oktaeder.

Ebenfalls zu einer Verbreiterung der Resonanzlinien im Spektrum führen Dipol-Dipol-Wechselwirkungen, insbesondere bei Feststoffen.

Ausgehend von der Annahme, daß die hochkonzentrierten und hochviskosen Lösungen festkörperähnliches Verhalten zeigen, wurden Proben mit schneller Probenrotation bei 70,4 MHz an der Friedrich-Schiller-Universität Jena vermessen. Erstmalig erhielten wir Spektren mit deutlich unterscheidbaren Signalen. Durch schnelle Probenrotation um den sogenannten magischen Winkel kann der Einfluß der Dipolwechselwirkung und teilweise auch der Quadrupolwechselwirkung unterdrückt werden [280].

Die bislang vorliegenden Resultate bestätigen die Anwendbarkeit der ^{27}Al-Kernresonanz gekoppelt mit schneller Probenrotation für Strukturuntersuchungen an hochviskosen Lösungen; für detaillierte Strukturinterpretationen ist das vorliegende experimentelle Material noch nicht hinreichend.

Diese Methode sollte zukünftig verstärkt eingesetzt werden, weil z. B. für verschiedene Mischsolvate in einer Lösung separate Linien und aus der Linienintensität die Konzentrationen der betreffenden Spezies zu erhalten sind.

4.5.3. Röntgendiffraktion [185]

Zur Struktur einer konzentrierten methanolischen $MgCl_2$-Lösung (Molverhältnis: $MgCl_2/CH_3OH = 1/18{,}7$) konnten anhand von Röntgenbeugungsexperimenten und ihrer Auswertung die folgenden mit den bereits diskutierten Raman-spektroskopischen Untersuchungen im Einklang stehenden Aussagen getroffen werden.

Hierfür gelang es, die Streuintensität der Streuvariablen k im Bereich $1 \leq k \leq 150$ nm zu messen. Die zur Auswertung benutzten Intensitäten wurden bezüglich des Untergrundes, der Polarisation, der Absorption, der Compton-Streuung und des systemati-

[1]) Wir danken *Prof. Dr. sc. Gessner* vom Zentralinstitut für Anorganische Chemie der AdW der DDR für die Durchführung der Kernresonanzmessungen an der Universität Sheffield.

schen Fehlers korrigiert. Mit diesen Intensitäten erfolgten zur besseren Beschreibung der Lösungsstruktur zwei „least-square fit"-Prozeduren (LSF 1 und LSF 2) [102].

Kennzeichnend für LSF 1 ist, daß keine geometrische Strukturform der Liganden um das Zentrum vorgegeben wird. Dieser Ansatz führt zu nachstehenden mit den experimentellen Werten weitgehend übereinstimmenden Ergebnissen:

1. Jedes Magnesiumkation ist von sechs Methanolmolekülen umgeben, wobei die Sauerstoffatome der Methanolmoleküle in Richtung des Kations orientiert sind.
2. Die Solvathülle des Kations hat die Gestalt eines relativ starren Oktaeders.
3. Jedes Chloridion ist gleichfalls von sechs Methanolmolekülen umgeben.
4. Eine reguläre oktaedrische Symmetrie ist für die Anionensolvathülle wenig wahrscheinlich.

Im LSF-2-Verfahren wurde im Gegensatz zu LSF 1 eine oktaedrische Geometrie für die Solvathüllen der Kationen und Anionen angenommen. Die Übereinstimmung zwischen theoretischem und experimentellem Strukturparameter war für LSF 2 wesentlich schlechter; so ist die Fehlerquadratsumme des LSF 2 deutlich höher als die von LSF 1. Die durchschnittliche Koordinationszahl von sechs Methanolmolekülen um jedes Ion konnte jedoch auch mit dem LSF-2-Verfahren bestätigt werden und zusammenfassend belegen die Ergebnisse, daß die Annahme einer vorfixierten Oktaederstruktur um jedes Kation und Anion nicht real ist, obwohl die Summe der vorhandenen Lösungsmittelmoleküle dies ermöglichte.

Der im Vergleich zur wäßrigen Lösung ($r_{Mg-O} = 0{,}210-0{,}212$ nm) gefundene geringere Abstand in der methanolischen Lösung ($r_{Mg-O} = 0{,}207$ nm) ist auf die unterschiedlichen elektrostatischen Wechselwirkungen zwischen Mg^{2+} — MeOH und Mg^{2+} — H_2O sowie in der Lage der lone pairs des Sauerstoffs der Moleküle begründet.

Weitere Berechnungen und Vergleiche zwischen LSF 1 und LSF 2 führten zu dem Resultat, daß eine oktaedrische Symmetrie der Verteilung der Methylgruppen wenig wahrscheinlich ist, und daß bei den hohen Konzentrationen durch die Verteilung der Solvensmoleküle zwischen Anion und Kation eine deutliche Verzerrung der oktaedrischen Symmetrie eintritt.

In Verbindung mit fit-Prozeduren nach verschiedenen Ansätzen zeigten die Röntgendiffraktionsuntersuchungen an einer konzentrierten methanolischen Magnesiumchloridlösung, daß

— sowohl die Kationen- als auch die Anionensolvatationssphäre durchschnittlich 6 Methanolmoleküle enthält,
— die Strukturparameter, die die Ion-Methanol- und die Ion-Wasser-Wechselwirkungen beschreiben, für Magnesiumchlorid-Lösungen ähnlich sind,
— die Symmetrie in den Solvathüllen stark gestört sein muß, weil eine bessere Anpassung mit höherer innerer Konsistenz ohne geometrische Festlegung erreicht wurde,
— für eine anionische Solvathülle eine oktaedrische Anordnung weniger wahrscheinlich ist als für eine kationische und die Tendenz der Methylgruppen symmetrische Positionen zu besetzen geringer ist als die der OH-Gruppen.

5. Zusammenfassung

— Konzentrierte Elektrolytlösungen als Teilgebiet der ionischen Flüssigkeiten sind aus physikalischen, chemischen, technischen und ökonomischen Gründen für viele Verfahren der Stoffwandlung von Interesse, weshalb Fragen der Struktur-Eigenschafts-

Beziehungen sowohl theoretisch als auch praktisch von grundlegender Bedeutung sind. Der umfangreiche Informationszuwachs aus experimentellen thermodynamischen, kinetischen, spektroskopischen und elektrochemischen Untersuchungen, das Vorwärtsschreiten der modernen Theorie der Elektrolytlösungen zur Beschreibung von immer höheren Konzentrationsbereichen und ebenfalls das zunehmende Wissen über das Gebiet der Hydratschmelzen sind relevant für den Erkenntnisprozeß der konzentrierten Elektrolytlösungen und mit diesem in wechselseitiger befruchtender Weise verknüpft.

— Bislang liegen keine Informationen über eine geschlossene theoretische Behandlung von konzentrierten Elektrolytlösungen des Typs Salz-Wasser-organische Komponente vor. Auch waren hinsichtlich der Klärung der Struktur-Eigenschafts-Beziehungen dieser Lösungen koordinationschemische Betrachtungsweisen nur z. T. üblich. Der sukzessive Ersatz des Wassers durch ein zweites Lösungsmittel ermöglichte eine wesentliche Erweiterung des Spektrums der koordinationschemischen Eigenschaften der Lösungsmittelgemische Wasser-organische Komponente. Gemäß der KOLTHOFFschen Klassifizierung der organischen Lösungsmittel wählten wir für unsere Untersuchungen nachstehende Solvenzien aus: Methanol, Ethanol, 1-Propanol, Ethylenglycol, Glycerol, Ameisensäure, Essigsäure, Formamid, Tetrahydrofuran, 1.4-Dioxan, Acetonitril, Aceton, Dimethylsulfoxid, N,N-Dimethylformamid. Neben den allgemeinen Betrachtungen wurden die Solvatationsprozesse von Lithiumchlorid, Magnesiumchlorid und Aluminium(III)-chlorid in obigen ternären Systemen untersucht, da zur Koordinationschemie von Salzen der Hauptgruppenelemente wenig bekannt war.

— Für die Indizierung der in den Systemen ablaufenden Strukturveränderungen wurden die konventionellen Größen Löslichkeit, Dichte und Viskosität der Lösungen ermittelt, welche gleichzeitig die Basis für weitere Strukturuntersuchungen anhand von spektroskopischen Methoden bildeten.
Die mit den gesättigten Lösungen im Gleichgewicht befindlichen festen Phasen charakterisierten wir hinsichtlich ihres strukturellen Aufbaus chemisch-analytisch, röntgenographisch, kristallographisch, thermoanalytisch, massenspektroskopisch und RAMAN-spektroskopisch. Durch den Einsatz der RAMAN-Spektroskopie waren Kenntnisse betreffs der in diesen hochkonzentrierten Lösungen vorliegenden Spezies und vorherrschenden Wechselwirkungen und somit zum Solvatationsgeschehen erhältlich. Die Anwendbarkeit und Effektivität der IR/NIR-, der ^{27}Al-Kernresonanz- und der Röntgendiffraktions-Methoden wurde an ausgewählten Beispielen aufgezeigt.

— Anhand der heterogenen Löslichkeitsgleichgewichte, Bodenkörperparagenesen, Dichten und Viskositäten von ausgewählten ternären Systemen des Typs Salz(LiCl, $MgCl_2$, $AlCl_3$)-Wasser-organische Komponente lassen sich u. a. nachstehende verallgemeinerungsfähige Aussagen zum Solvatationsverhalten von Elektrolyten in hochkonzentrierten Lösungen ableiten:
  - Die Löslichkeitsuntersuchungen belegen, daß eine Systematisierung anhand der Wirkungsweise der organischen Komponenten bezüglich des Solvatationsgeschehens gemäß der KOLTHOFFschen Klassifizierung der organischen Lösungsmittel möglich ist.
  - In den Systemen Salz-Wasser-Alkohol (amphiprotisch neutrale Lösungsmittel) wurde bei konstanter Solvenszusammensetzung eine Abnahme der Salzlöslichkei-

ten mit wachsender Kettenlänge der Alkohole und eine Zunahme beim Einsatz von kleinen Mengen mehrwertiger Alkohole beobachtet.

- Der Zusatz von Säuren wie Ameisensäure, Essigsäure und verstärkt Salzsäure (amphiprotisch protogene Lösungsmittel) bewirkt einen signifikanten Aussalzeffekt.
- Die homoselektive Solvatation des $AlCl_3$, $MgCl_2$ und LiCl in Wasser-Tetrahydrofuran-, Wasser-1.4-Dioxan-(aprotisch inerte Lösungsmittel) und Wasser-Acetonitril-, Wasser-Aceton-Gemischen (aprotisch protophobe Lösungsmittel) führt zu einer über weite Konzentrationsbereiche ausgedehnten Entmischung in eine wasserreiche flüssige Phase mit hohem und eine wasserarme flüssige Phase mit sehr geringem Salzgehalt. Eine Dehydratation der festen Salzhydrate durch diese organischen Lösungsmittel ist nicht möglich. Die Bildung von Solvaten tritt nur in den binären Randsystemen Salz-organisches Lösungsmittel beim Einsatz der wasserfreien Salze auf.
- In den ternären Systemen Salz-Wasser-aprotisch-protophiles Lösungsmittel (Dimethylsulfoxid, N,N-Dimethylformamid, N,N-Dimethylacetamid) werden infolge der größeren Donorstärke der organischen Lösungsmittel gegenüber Wasser schon bei relativ geringen Gehalten in den Solvensgemischen Mischsolvate und organische Solvate als stabile Bodenkörper gebildet. Infolge der heteroselektiven Solvatation der Ionen (Al^{3+}, Mg^{2+}, Li^+ und Cl^-) erfolgt einerseits in den wasserreichen Regionen der Solvensgemische ein starker Löslichkeitsanstieg, da durch die bevorzugte Solvatation der Kationen durch das organische Lösungsmittel das Wasser bevorzugt zur Anionensolvatation zur Verfügung steht. Andererseits bei hohen Gehalten der organischen Komponenten in den Lösungsmittelgemischen ist durch den Wassermangel bedingt, eine starke Löslichkeitserniedrigung zu verzeichnen.

— Die SCHREINEMAKERSsche Restmethode kombiniert mit kristalloptischen Untersuchungen ermöglichte zweifelsfrei den Nachweis und die Ermittlung der Bruttozusammensetzung der Verbindungen:

$AlCl_3 \cdot 6\,H_2O$	$MgCl_2 \cdot 6\,H_2O$	$LiCl \cdot H_2O$
$AlCl_3 \cdot 6\,CH_3OH$	$MgCl_2 \cdot 4\,H_2O \cdot 2\,CH_3OH$	$LiCl \cdot H_2O \cdot C_4H_8O_2$
$AlCl_3 \cdot 9\,H_2O \cdot 3\,C_4H_8O_2$	$MgCl_2 \cdot 6\,CH_3OH$	$LiCl \cdot H_2O \cdot DMF$
$AlCl_3 \cdot 2\,CH_3CN$	$MgCl_2 \cdot 6\,H_2O \cdot C_4H_8O_2$	$LiCl \cdot 4\,DMF$
$AlCl_3 \cdot 4\,H_2O \cdot 2\,DMF$	$MgCl_2 \cdot 6\,H_2O \cdot 2\,DMF$	$LiCl \cdot DMSO$
$AlCl_3 \cdot 6\,DMSO$	$MgCl_2 \cdot 4\,DMF$	
$AlCl_3 \cdot 1{,}5\,H_2O \cdot 4{,}5\,DMSO$	$MgCl_2 \cdot 4\,DMSO$	
$AlCl_3 \cdot 3\,H_2O \cdot 3\,DMAC$	$MgCl_2 \cdot 6\,DMSO$	

- Anhand von Röntgendiffraktogrammen wurde von einigen pulverförmigen Solvaten und Mischsolvaten des Aluminium(III)-chlorids das Kristallsystem, Gitterkonstanten, Röntgendichte und z. T. die Raumgruppe ermittelt. Zur exakten Strukturaufklärung sind diese Angaben noch nicht hinreichend. Deshalb werden z. Z. an ausgewählten Substanzen Kristallstrukturanalysen durchgeführt.
- Die massenspektrometrischen Untersuchungen der aluminiumchloridhaltigen Solvate und das thermische Verhalten der Solvate und Mischsolvate der Salze $AlCl_3$ und $MgCl_2$ zeigten, daß die vollständige thermische Abspaltung der Lösungsmittel oder Lösungsmittelgemische parallel mit einer Solvolyse des Aluminium(III)-chlorids bzw. Magnesium(II)-chlorids unter Bildung von HCl verläuft. Im Falle

der Lithiumchloridsolvate und -mischsolvate wurden — u. a. infolge der weitaus schwächeren Bindungen Kation-Ligand — keine Solvolysereaktion nachgewiesen und die Bildung von wasserfreiem Lithiumchlorid eindeutig bestätigt.

— RAMAN-spektroskopische Untersuchungen wurden als Modellbeispiele vorrangig an ausgewählten Lösungen der ternären Systeme Salz ($AlCl_3$, $MgCl_2$, LiCl)-Wasser-organische Komponente(Methanol, Acetonitril, Aceton, Dimethylformamid, Dimethylsulfoxid) durchgeführt:

- Bezüglich der Solvatation von Kationen in Methanol-Wasser-Gemischen wurde die Anzahl der direkt in 1. Koordinationssphäre befindlichen Methanolmoleküle quantitativ ermittelt und die Ausbildung von H-Brückenbindungen zwischen den in 1. Koordinationssphäre befindlichen Wasser- oder Methanolmolekülen zu den in 2. Sphäre belegt.
  Ausgehend von den in den wäßrigen Randsystemen vorliegenden Aquokomplexen der Kationen ist bei Methanolzugabe die $Al^{3+} \ldots CH_3OH$- wesentlich später als die $Mg^{2+} \ldots CH_3OH$-Wechselwirkung zu beobachten. Dies korreliert mit dem größeren Existenzgebiet des $AlCl_3 \cdot 6\,H_2O$ gegenüber dem des $MgCl_2 \cdot 6\,H_2O$ in den Löslichkeitsdiagrammen.
  In den wasserreichen ternären Lösungen sind $[M(H_2O)_{6-y}(MeOH)_y]^{z+}$-Kationen wechselnder stöchiometrischer Zusammensetzung ausgebildet, wobei der Umsolvatationsprozeß beim Magnesiumchlorid in der Reihenfolge

$$[Mg(H_2O)_6]^{2+} \rightarrow [Mg(H_2O)_{6-y}(MeOH)_y]^{2+} \rightarrow [Mg(MeOH)_6]^{2+}$$

  verläuft.
  In den Lösungen des Aluminium(III)-chlorids sind abweichend hiervon bei hohen Methanolgehalten Chlorokomplexe des Typs $[AlCl_n(MeOH)_{6-n}]^{(3-n)+}$ existent. Wir ermittelten für die gesättigte methanolische Lösung im Einklang mit Kernresonanzuntersuchungen, daß nur ~ 3 Methanolmoleküle direkt am Al^{3+} koordiniert sind. Da auch bei Verdünnung mit Methanol die Bildung von Chlorokomplexen nachweisbar ist, sind diese nicht auf Solvensmangelerscheinungen zurückzuführen. Hinsichtlich der Anionensolvatation ist ableitbar, daß die Chloridionen in Methanol-Wasser-Gemischen partiell hydratisiert vorliegen und die Perchlorationen wahrscheinlich eine gemischte Solvatationssphäre besitzen. Das spektroskopisch bekannte $[AlCl_4]^-$-Ion konnte nicht nachgewiesen werden.
- Die hohe Löslichkeit des wasserfreien $AlCl_3$ ist im wesentlichen auf die aus Kernresonanzuntersuchungen bekannten und von uns ebenfalls RAMAN-spektroskopisch nachgewiesenen Spezies $[AlCl(CH_3CN)_5]^{2+}$ und $[AlCl_4]^-$ zurückzuführen. Im wasserreichen Gebiet der Systeme Salz-Wasser-Acetonitril existieren in den gesättigten $AlCl_3$-Lösungen und den Lösungen des $MgCl_2$ und LiCl bis zu Molzahlverhältnissen $n_{Salz}:n_{H_2O}:n_{AN} = 1:16:1$ nur Aquokomplexe der untersuchten Kationen. In den hochkonzentrierten Lösungen des LiCl und $MgCl_2$ wurden jedoch zusätzlich zu den dominierenden Kation-Wasser- die Kation-Acetonitril-Wechselwirkungen nachgewiesen, offensichtlich infolge des bestehenden starken Solvensmangels und der sterischen Gegebenheiten.
- In Gegenwart hydratisierter Ionen werden signifikante Schwingungen des Acetons wesentlich stärker modifiziert als bei der Wechselwirkung mit Wasser, da die Protonen der komplexfixierten Wassermoleküle azider sind als die des übrigen

Wassers. Für eine direkte Ion-Aceton-Wechselwirkung liegen keinerlei Hinweise vor.

- Im Einklang mit der Zunahme der Salzlöslichkeiten, Dichten, Viskositäten und der stärkeren Donozität sowohl bei Zugabe geringer DMF- als auch DMSO-Mengen ist die bevorzugte Koordination dieser Lösungsmittel an die Kationen und ebenfalls die Ausbildung von starken H-Brückenbindungen zwischen den in 1. Sphäre der Kationen befindlichen Wassermolekülen und angelagerten organischen Lösungsmittelmolekülen nachweisbar. Das am Al^{3+}-Ion koordinierte DMF wurde quantitativ durch Bandenseparation des deutlich aufgespalteten OCN-Gebietes ermittelt. Wir zeigten erstmalig, daß es zumindest für Amide im Gegensatz zu dem in der Literatur üblichen Verfahren nicht zulässig ist, die Flächenverhältnisse der Teilbanden den Konzentrationsverhä'tnissen der verschiedenartig gebundenen DMF-Molekülen gleichzusetzen, da sich der Ramanstreuquerschnitt bei Koordination an das Kation ändert.
  Der Umsolvatationsprozeß für $AlCl_3$ und $MgCl_2$ verläuft so, daß bei Zugabe kleiner DMF-Gehalte die DMF-Moleküle gegenüber den Wassermolekülen bevorzugt in die 1. Koordinationssphäre der Kationen eingebaut werden. Bei größeren DMF-Gehalten ($x_{DMF} > 0{,}5$) erfolgt ein Selektivitätswechsel, der durch die Bifunktionalität des Wassers bedingt, auf die Ausbildung von Struktureinheiten des Typs

  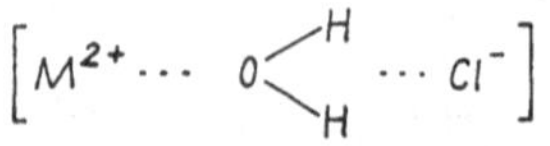

  hinweist.

- In den hochkonzentrierten Lösungen ist der Einfluß des Solvatationsvermögens der Anionen auf die Zusammensetzung der Solvatationssphäre der Kationen nachweisbar. So ist ein Teil der vorhandenen Wassermoleküle stärker in den Solvatationssphären des Chlorid- als des Perchlorations gebunden. Dies bewirkt, daß in den chloridhaltigen Lösungen der Anteil an kationisch koordinierten organischen Lösungsmittelmolekülen größer ist als bei vergleichbaren perchlorathaltigen.

— Röntgendiffraktionsuntersuchungen an einer 1,44 M methanolischen $MgCl_2$-Lösung ergaben in Übereinstimmung mit den Raman-spektroskopischen Ergebnissen, daß sowohl die Kationen als auch die Anionen im Durchschnitt von 6 Methanolmolekülen umgeben sind. Die oktaedrische Symmetrie in den Solvathüllen ist jedoch stark gestört, wobei die Wahrscheinlichkeit der Besetzung von symmetrischen Positionen durch die OH-Gruppen des Methanols um die Kationen wesentlich größer ist als für die CH_3-Gruppen um die Chloridionen.

— Die Konzeption, zur Klärung der Struktur-Eigenschafts-Beziehungen in konzentrierten Elektrolytlösungen die koordinationschemischen Aspekte in den Mittelpunkt der Betrachtungsweise zu stellen, hat sich bewährt. Die vorliegenden Ergebnisse berechtigen noch nicht die Entwicklung von Strukturmodellen für hochkonzentrierte Lösungen, da u. a. die Fragen der nur zeitweiligen Besetzung von Koordinationsstellen, d. h. die sicherlich stoff- und konzentrationsabhängigen Platzwechselvorgänge noch offen sind.

6. Literaturverzeichnis

[1] REICHARDT, Chr.: *Lösungsmittel — Effekte in der organischen Chemie*", Weinheim/Bergstr.: Verlag Chemie 1969

[2] GORES, H.-J., BARTHEL, J.: Naturwissenschaften **70** (1983) 495—503

[3] DEBYE, P., HÜCKEL, E.: Physik. Z. **24** (1923), 185

[4] Autorenkollektiv: „*Verfahrenstechnische Berechnungsmethoden*", Leipzig: VEB Deutscher Verlag für Grundstoffindustrie 1981, Teil 7, S. 311

[5] FALKENHAGEN, H.: „*Theorie der Elektrolyte*", Leipzig: S. Hirzel 1971

[6] EBELING, W.: Theorie of Ion Paring for Gurney-Friedman-Models of Electrolytes, Rostocker Phys. Manuskripte H4 (1979), 125

[7] FRIEDMAN, H. L.: „*Ionic Solution Theory*", New York: Interscience 1962

[8] Autorenkollektiv: „*Neuere Entwicklungen der anorganischen Chemie*", Berlin: VEB Deutscher Verlag der Wissenschaften 1974

[9] EMONS, H.-H., VOIGT, W.: Zur Chemie geschmolzener Salze, Sitzungsberichte der AdW der DDR **15N** (1981)

[10] HORLBECK, W., EMONS, H.-H.: Spektroskopische Methoden zur Charakterisierung geschmolzener Salze, Abh. Sächs. Akad. Wiss. Leipzig, Math.-Naturwiss. Klasse, 1985

[11] BRAUNSTEIN, J.: Inorg. Chim. Acta, Reviews **2**, 19 (1968), 1

[12] MARCUS, Y. zitiert bei EMONS, H.-H.: Physico-chemical properties of molten salts and concentrated electrolyte solutions Kompendium), Trondheim: NTH. Institut of inorg. chem. Univ. 1982

[13] ANGELL, C. A.: J. Electrochem. Soc. **112** (1965), 1224

[14] ANGELL, C. A.: J. Phys. Chem. **69** (1965), 2137

[15] ANGELL, C. A., GRUEN, D. M.: J. Am. Chem. Soc. **88** (1966), 5192

[16] FRANK, H. S., EVANS, M. W.: J. Chem. Phys. **13** (1945), 507

[17] FRANK, H. S., WEN, W. S.: Discuss. Faraday Soc. **24** (1957), 133

[18] BURGESS, J.: „*Metal Ions in Solution*", New York, London, Sydney, Toronto: John Wiley & Sons 1978

[19] EMONS, H.-H. u. Mitarb.: Untersuchungen an Systemen aus Salzen und gemischten Lösungsmitteln, Mitteilung I bis XXII, XXII. Mitt.: EMONS, H.-H., SCHARECK, E., HOLLDORF, H.: Rev. Chim. Miner. **11** (1974), 428

[20] HOPPE, H., SCHERZBERG, H.: DD WP 34 (1964), 115, 57 (1965), 594

[21] SEROWY, F.: Interner Bericht der Wintershall AG, Kassel: 1929

[22] EMONS, H.-H., POLLMER, K. in Forschungsbericht: Grundlagen der Carnallitverarbeitung, „Zur Anwendung gemischter Lösungsmittel bei der Verarbeitung von Carnallit", 1979, Teil 5, S. 265—320

[23] SUVOROV, V. V., BULYCEV, V. N., GORSTEJN, I. G., ERMOLINA, N. S.: Pat. UdSSR DK 661, 841, 321 (088.8) 27. 12. 73

[24] ROSS, L.: Farmac. Rev. **63** (1964), 521

[25] MARTIN, D., HAUTHAL, H. G.: „*Dimethylsulfoxid*", Berlin: Akademie-Verlag 1971

[26] BERNAL, J. D., FOWLER, H. R.: J. Chem. Phys. **1** (1933), 515

[27] LENNARD-JONES, J., POPLE, J. A.: Proc. Roy Soc. **205** (1951), 155

[28] GUTMANN, V.: „*Coordination Chemistry in Non-Aqueous Solutions*", New York: Springer Wien 1968

[29] MAYER, U., GUTMANN, V., GERGER, W.: Monatsh. Chem. **106** (1975), 1235; **108** (1977), 489

[30] DRAGO, R. S., PURCELL, K. F.: „*Coordinating Solvents*", in: WADDINGTON, T. C. (Ed.), „*Non-aqueous solvent Systems*", London, New York: Academic Press 1965

[31] MEEK, D. W., DRAGO, R. S.: J. Am. Chem. Soc. **83** (1961), 4322

[32] DRAGO, R. S.: Pure Appl. Chem. **52** (1980), 2261

[33] KOLTHOFF, J. M. in: I. C. MARCHON: „*Non-Aqueous Elektrochemistry*", London: 1971, S. 305

[34] Bartel, J., Gores, H. J., Schmeer, G., Wachter, R.: „*Non Aqueous Electrolyte Solutions in Chemistry and Modern Technology*", Berlin: Akademie Verlag, 1983
[35] Samoilov, O. J.: „*Die Strukturen wäßriger Elektrolytlösungen und die Hydratation von Ionen*", Leipzig: B. G. Teubner Verlagsgesellschaft 1961
[36] Hertz, H. G.: „*Magnetische Kernresonanzuntersuchungen zur Struktur von Elektrolytlösungen*", in: H. Falkenhagen, „*Theorie der Elektrolyte*", Leipzig: S. Hirzel Verlag 1971
[37] Weingärtner, H., Hertz, H. G.: Ber. Bunsenges. phys. Chem. **81** (1977), 1204
[38] Weingärtner, H., Müller, C., Hertz, H. G.: J. Chem. Soc. Faraday Trans. I **75** (1979), 2712
[39] Contreras, M., Hertz, H. G.: Faraday Discussions of the Chemical Society, Nr. 64, Ion-Ion and Ion-Solvent Interactions 1978, J. Solution Chem. **7** (1978), 99
[40] Weingärtner, H., Hertz, H. G.: J. Chem. Soc. Faraday Trans. I **75** (1979), 2700
[41] Schneider, H., Strehlow, H.: Z. Elektrochem., Ber. Bunsenges. Phys. Chem. **66** (1962), 309
[42] Strehlow, H., Knoche, W., Schneider, H.: Ber. Bunsenges. Phys. Chem. **77** (1973), 760
[43] Moolel, M., Schneider, H.: Z. phys. Chem. (Frankfurt) **74** (1971), 237
[44] Benter, G., Schneider, H.: Ber. Bunsenges. phys. Chem. **77** (1973), 997
[45] Janneck, E.: Dissertationsschrift, Bergakademie Freiberg, Freiberg 1982
[46] Kolditz, L.: „*Anorganische Chemie*", Berlin: VEB Deutscher Verlag der Wissenschaften 1983
[47] Dack, M. R. J. in: Dack, M. R. J. (ed): „*Techniques of Chemistry*", Bd. 8, „*Solutions and Solubilities*" (Teil II), S. 95, New York: Wiley 1976
[48] Grunwald, E., Winstein, S.: J. Am. Chem. Soc. **70** (1948), 846
[49] Koserow, E. M.: J. Am. Chem. Soc. **80** (1958), 3253
[50] Koserow, E. M.: J. Chim. Phys.-Chim. Biol. **61** (1964), 230
[51] Dimroth, K., Reichardt, C., Siepmann, T., Bohlmann, F.: Liebigs Ann. Chem. **661** (1963), 1
[52] Reichardt, C.: „*Solvent Effekts in Organic Chemistry*", Weinheim: Verlag Chemie 1979
[53] Reichardt, C.: Angew. Chem. **77** (1965), 30
[54] Gutmann, V., Wychera, E.: Inorg. Nucl. Chem. Lett. **2** (1966), 257
[55] Gutmann, V.: „*The Donor-Acceptor to Molekular Interactions*", New York: Plenum 1978
[56] Mayer, U., Gutmann, V., Gerger, W.: Monatsh. Chem. **106** (1975), 1235
[57] Mayer, U.: Coord. Chem. Rev. **21** (1976), 159
[58] Berson, J. A., Hamlet, L., Mueller, W. A.: J. Am. Chem. Soc. **84** (1962), 297
[59] Jensen, W. B.: „*The Lewis Acid-Base Concepts*", New York: Wiley 1980
[60] Pimentel, G. C., Mc Clellan, A. L.: „*The Hydrogen Bond*", San Francisco: Frumann 1960
[61] Craver, J. K.: J. Appl. Polym. Sci. **14** (1970), 1755
[62] Godfrey, N. B.: Chem. Techn. **10** (1972), 359
[63] Brönsted, J. N.: Chem. Ber. **61** (1928), 2049
[64] Bates, R. G. in: Coetzee, J. F., Ritchie, C. D.: „*Solute-Solvent Interactions*", Bd. 1, S. 45, New York: Dekker 1969
[65] Gyenes, J.: „*Titrationen in nichtwäßrigen Medien*", Budapest: Akademiai Kiado 1970
[66] Huben, W.: „*Titratationen in nichtwäßrigen Lösungsmitteln*", Frankfurt/M.: Akademische Verlagsgesellschaft 1964
[67] Stoye, D.: in Ullmann's Enzyklopädie der technischen Chemie, Stichwort: Lösungsmittel (4. Auflage), Weinheim, New York: Verlag Chemie 1978, Bd. 16
[68] Geiseler, G., Seidel, H.: „*Die Wasserstoffbrückenbindung*", (WTB), Berlin: Akademie-Verlag 1977
[69] Pauling, L., Corey, R. B.: Fortschr. Chem. org. Naturstoffe (Wien) **11** (1954), 180
[70] Kollman, P. A., Allen, L. C.: J. Chem. Phys. **51** (1969), 3286
[71] Morukama, K., Pederson, L.: J. Chem. Phys. **48** (1968), 3275

[72] Krestov, G. A., Kobenin, V. A.: „*Vom Kristall zur Lösung*", Leipzig: VEB Deutscher Verlag für Grundstoffindustrie 1980
[73] Davies, M. M.: zitiert in [52], S. 44
[74] Kolthoff, I. M.: Anal. Chem. **46** (1974), 1992
[75] Miller, J., Parker, A. J.: J. Am. Chem. Soc. **83** (1961), 117
[76] Pearson, R. G.: J. Am. Chem. Soc. **85** (1963), 3533
[77] Gutmann, V.: Chimia **23** (1969), 285
[78] Gutmann, V.: Angew. Chem. **82** (1970), 858
[79] Gutmann, V.: Chemie in unserer Zeit **4** (1970), 90
[80] Gutmann, V.: Chimia **31** (1977), 1
[81] Krygowski, T. M., Fawcett, W. R.: J. Am. Chem. Soc. **97** (1975), 2143
[82] Schwabe, K.: Fundamentals of the Thermodynamics of Ionic Solvation (in Vorbereitung)
[83] Krems, P.: „*Liquids and Solutions-Strukture and Dynamics*", New York: Marcel Dekker, Inc. 1977
[84] Luck, A. P.: „*Strukture of Water and Aqueous Solutions*", Weinheim/Bergstr.: Verlag Chemie G.m.b.H. und Physik Verlag G. m. b. H. 1974
[85] Rotschield, W. G.: „*Dynamics of Molecular Liquids*" (im Druck)
[86] Tanaka, N., Ohtaki, H., Tamamushi, R.: „*Ions and Molekules in Solution*", Amsterdam, New York: Elsevier Sci. Publ. Co. 1983
[87] Inman, D., Lovering, D. G.: „*Ionic Liquides*", New York, London: Plenum Press 1981
[88] Hertz, H. G.: „*Elektrochemistry, A Reformulation of the Basic Principles*", Berlin: Springer 1980
[89] Smedley, S. I.: „*The Interpretation of Ionic Conductivity in Liquids*", New York: Plenum 1980
[90] Triebel, W.: Kolloq.-Vortrag Sektion Ph, BAF (1963)
[91] Davies, I., Ormandroyd, S., Symons, M. C. R.: Trans. Faraday Soc. **67** (1971), 3465
[92] Popov, A. I. in: Coetzee, J. F., Ritchie, C. D. (Eds.), „*Solute-Solvent Interactions*", New York: Decker 1976, Bd. 2
[93] Strehlow, H.: Ber. Bunsenges. Phys. Chem. **67** (1963), 250
[94] Hertz, H. G.: Ber. Bunsenges. Phys. Chem. **67** (1963), 311
[95] Hilbers, C. N., McLean, C.: „*NMR-Basic Principles and Progress*", Berlin: Springer Verlag 1972, Bd. 7
[96] Böttcher, C. I. F.: „*Theory of Electric Polarisation*", Amsterdam: Elsevier 1973
[97] Zeidler, M. D.: Z. Phys. Chemie, Neue Folge **133** (1982), 1
[98] Soper, A. K., Neilson, G. W., Enderby, I. E.; Howe, R. A.: J. Phys. Chem. **10** (1977), 1793
[99] Neilson, G. W., Newsome, I. R., Sandström, M.: J. Chem. Soc. Faraday **2**, 77 (1981), 1245
[100] Narten, A. N., Vaslow, F., Levy, H. A.: J. Chem. Phys. **58** (1973), 5017
[101] Newsome, I. R., Neilson, G. W., Enderby, I. E.: J. Phys. Chem., Solid St. Phys. **13** (1980), 923
[102] Palinkas, G., Kalman, E.: „*Diffraction Investigations of Aqueous Electrolyte Solutions*" in: Hargittai, W., Orville-Thomas, W. I. (Eds.): „*Diffraction Studies of Noncrystalline Substances*", Budapest: Akademiai Kaido 1981
[103] Kalman, E., Serke, L., Palinkas, G., Johannsion, G., Kabisch, G., Maeda, M., Ohtaki, H.: Z. Naturforsch. **38**a (1983), 885
[104] Kabisch, G., Kalman, E., Palinkas, G., Radnai, T., Gaiser, F.: (im Druck)
[105] Kuntz, I. D., Cheng, C. I.: J. Am. Chem. Soc. **97** (1975), 4852
[106] Coetzee, I. F., Sharpe, W. R.: J. Solution Chem. **1** (1972), 77
[107] Perelygin, I. S., Klimchuk, M. A.: Russ. J. Phys. Chem. **47** (1973), 1138
[108] Perelygin, I. S., Klimchuk, M. A.: Russ. J. Phys. Chem. **47** (1973), 1402

[109] Perelygin, I. S., Klimchuk, M. A.: Zh. Fis. Khim **47** (1973), 1138, 1404; **48** (1974), 363, 1466
[110] Perelygin, I. S., Klimchuk, M. A., Beloborowa, N. N.: Russ. J. Phys. Chem. **54** (1980), 1703
[111] Chang, T. G., Irish, D. E.: J. Solution Chem. **3** (1974), 161
[112] Sze, S.-K., Irish, D. E.: J. Solution Chem. 8 (1979), 395
[113] Janz, G. J., Müller, M. A.: J. Solution Chem. **4** (1975), 285
[114] Kabisch, G.: Abh. Sächs. Akad. Wiss. Leipzig, Math.-Naturwiss. Klasse **54** (1979) 71
[115] Tsatsas, A. T., Stearns, R. W., Risen, Ir. W. M.: J. Am. Chem. Soc. **94** (1972), 5247
[116] Rannou, I., Chabanel, M.: J. Chim. Phys. Phys.-Chim. Biol. **77** (1980), 201
[117] Edgell, W. F., Harris, D.: J. Solution Chem. **9** (1980), 649
[118] Symons, M. C. R.: Pure Appl. Chem. **51** (1979), 1671
[119] Lees, A. I., Stroughan, B. P., Gardiner, D. J.: J. Mol. Struct. **71** (1981), 61
[120] Bukowska, I., Miaskiewicz, K.: J. Mol. Struct. **74** (1981), 1
[121] Irish, D. E., Brocker, M. H.: „*Advences in IR Spectroscopy*", London: 1976, Bd. II, S. 6
[122] Tutschku, J.: Z. Phys. Chem. Leipzig **261** (1980), 512
[123] Tutschku, J.: Jahresbericht ZfK-510 (1982), 63
[124] Perelygin, I., Samidanov, S. Ya.: Zh. Fis Khim **53** (9) (1979), 2371
[125] Lassingne, C., Baine, P.: J. Phys. Chem. **75** (1971), 3188
[126] Waghorne, W. E., Rubalca, H.: J. Chem. Soc. Faraday Trans I **78** (1982), 1119
[127] Fussenegger, R., Peringer, P., Rode, B. M., Monatsh. Chim. **108** (1977), 265
[128] Bukowska, J.: J. Mol. Struct. **98** (1983), 1
[129] Rutgers, A. T., Hendrix, S.: Trans. Faraday Soc. **58** (1962), 2184
[130] Glasstone, S.: Textbook of Physical Chemistry (2nded.), Macmillan 1956, S. 921
[131] Remy, H.: Trans. Faraday Soc. **23** (1927), 381
[132] Conway, B. E., Bockris, I. O'M in: „*Modern Aspects of Electrochemistry*", Butterworths: 1954, Bd. 1, ed. Bockris 10 'M, Ch. 2
[133] Robinson, R. A., Stockes, R. H.: „*Electrolyte Solutions*" (2nd.), Ed. revised, Butterworths: 1968, Ch. 5
[134] Baborovsky, J., Velisek, J.: Chemicke Listy **21** (1927), 227
[135] Imai, M. J.: Inorg. Nucl. Chem. Lett. **37** (1975), 123
[136] Zipp, A. P.: J. Phys. Chem. **78** (1974), 556
[137] Gusev, N. I.: Russ. J. Phys. Chem. **45** (1971), 1268, 1455, 1575; **46** (1972) 1034, 1657; **47** (1973) 52, 184, 687, 1309
[138] Hinton, I. F., Amis, E. S.: Chem. Rev. **71** (1971), 627
[139] Allam, D. S., Lee, W. H.: J. Chem. Soc. A 5 (1966), 426
[140] Bockris, I. O'. M., Saluja, P. P. S.: J. Phys. Chem. **76** (1972), 2140, 2298; **77** (1973), 1598
[141] Lincoln, S. F.: Coord. Chem. Rev. **6** (1971), 309
[142] Rednai, T. et al.: Rendiconti del seminario Della Facalta di sciense dell' universita di Cagliari, Bd. XLVIII (3–4) (1978) 247–259
[143] Bertram, R.: Dissertationsschrift, Bergakademie Freiberg, Freiberg 1983
[144] Schneider, H.: Elektrochim. Acta **21** (1976), 711
[145] Dorosh, A. K., Skryshewski, A. F.: Zh. Strukt. Khim. 8 (1967), 348
[146] Albright, I. N.: J. Chem. Phys. **56** (1972), 3783
[147] Alves Marques, M., De Barros Marques, M. I.: Proc. Kon. Ned. Akad. Wetensch. Ser. B **77** (1974), 286
[148] Caminiti, R., Licheri, G., Piccaluga, G., Pinna, G.: J. Appl. Cryst. **12** (1979), 34
[149] Matwiyoff, N. A., Taube, H.: J. Am. Chem. Soc. **90** (1968), 2796
[150] Akitt, J. N.: J. Chem. Soc. Dalton A (1973), 42
[151] Safford, G. J., Leung, P. S., Naumann, A. W., Schaffen, D. C.: J. Chem. Phys. **50** (1969), 4444

[152] SZASZ, GY. I., HEINZINGER, K., PALINKAS, G.: Chem. Phys. Lett. 78 (1981), 194
[153] BARTHEL, I.: „*Ionen in nichtwäßrigen Lösugen*", Darmstadt: Steinkopff Verlag 1976
[154] PALINKAS, G., RADNAI, T., DIETZ, W., SZASZ, GY. I., HEINZINGER, K.: Z. Naturforsch. **37** a (1982), 1049
[155] MARCUS, Y.: J. Sol. Chem. **14**, 4 (1983), 271
[156] D'ANS, I.: „*Die Lösungsgleichgewichte der Systeme der Salze ozeanischer Salzablagerungen*", Berlin: Verlagsgesellschaft für Ackerbau 1933
[157] ZDANOVSKI, A. B.: „*Handbuch der experimentellen Daten über die Löslichkeiten in Salzsystemen*", Leningrad: Wiss.-techn. Staatsverlag für chemische Literatur 1963, Bd. 4
[158] LINKE, W. F.: „*Löslichkeiten anorganischer und metallorganischer Verbindungen*", Washington: American Chemical Society 1965, Bd. II
[159] KOGAN, W. B., FRIDMAN, W. M., KAFAROW, W. W.: „*Handbuch über die Löslichkeiten*", Moskau-Leningrad: Verlag der Akademie der Wissenschaften der UdSSR 1961
[160] FREIER, R. K.: „*Wäßrige Lösungen*", Berlin/New York: Verlag Walter de Gruyter 1976, Bd. 1
[161] BROUL, M., NYVELT, J., SÖHNEL, O.: „*Solubility in Inorganic Twocomponent Systems*", Prague: Academia 1981
[162] HOLLDORF, H.: Dissertationsschrift B, Bergakademie Freiberg, Freiberg 1982
[163] MAY, E. M.: Dissertationsschrift A, Bergakademie Freiberg, Freiberg 1979
[164] LIEBMANN, G.: Dissertationsschrift A, Technische Hochschule „Carl Schorlemmer", Leuna-Merseburg 1977
[165] WADDINGTON, T. C.: „*Nichtwäßrige Lösungsmittel*", Heidelberg: Dr. A. Hüthig 1972
[166] FIALKOV, Ju. Ja.: „*Nicht nur im Wasser*" (1. Aufl.), Leipzig: VEB Deutscher Verlag für Grundstoffindustrie 1979
[167] WAWER, I.: Spektrosk. Oddzialywan Miedzy mol **3** (1978), 69
[168] KÖLLING, H.: Dissertation A, Technische Hochschule „Carl Schorlemmer" Leuna—Merseburg 1977
[169] ECKERT, J.: Neue Aspekte der Metallabscheidung aus nichtwäßrigen Elektrolyten, Vortrag 26. 4. 84 Halle
[170] GORENBEIN, E., Ya., USIN, G. G., BENZNIS, A. T.: Zh. Neorg. Khim. **11** (1966), 571
[171] GORENBEIN, E. Ya., BENZNIS, A. T.: Zh. Neorg. Khim. **13** (1968), 696
[172] GALOVA, M., LUX, L.: Chem. Zvesti **29** (1975), 279; **30** (1976), 599; **30** (1976), 604
[173] HARAGUCHI, H., FUJIWARA, S.: J. Phys. Chem. **73** (1969), 3467
[174] DEROUAULT, J., GRANGER, P., FOREL, M. T.: Inorg. Chem. **16** (1977), 3214
[175] DEROUAULT, J., FOREL, M. T.: Inorg. Chem. **16** (1977), 3207
[176] WEHRLI, F. W., HAERDT, R.: J. Magn. Resonance **42**, 2 (1981), 334
[177] DALIBART, M., DEROUAULT, I., GRANGER, P., CHAPELLE, S.: Inorg. Chem. **21** (1982), 1040
[178] HINTON, J. F., AMIS, E. S., METTETAL, W.: Spectrochim. Acta **A25** (1969), 119
[179] HOLLDORF, H., POLLMER, K., MAY, E.-M., SCHMIDT, H.: Spravocnik eksperimental'nych gannych po rastvorimosti mnogokomponentnych vodno — solevych sistem. T. 5. Rastvorimost solej v vodnych binarnych sistemach, Leningrad: Verlag Chimija 1983
[180] POLLMER, K.: Z. Chem. **20**, 6 (1980), 227
[181] EMONS, H.-H., POLLMER, K.: Z. anorg. allg. Chem. **473** (1981), 208
[182] EMONS, H.-H., POLLMER, K., SEIDEL, H.: Freibg. Forschg. H. **A628** (1981), 99
[183] KABISCH, G., POLLMER, K.: J. Mol. Struct. **81** (1982), 35
[184] KABISCH, G., BADER, I., EMONS, H.-H., POLLMER, K.: J. Mol. Liqu. **26** (1983), 139
[185] KALMAN, E., RADNAI, T., POLLMER, K.: Z. Naturforsch. **39** a, (1984), 1
[186] EMONS, H.-H., JANNECK, E., KABISCH, G., POLLMER, K.: Z. anorg. allg. Chem. **511** (1984), 148
[187] EMONS, H.-H., JANNECK, E., POLLMER, K.: Z. anorg. allg. Chem. **511** (1984), 135
[188] EMONS, H.-H., POLLMER, K., BIRKENEDER, F.: Z. Chem. **24**, 2 (1984), 73

[189] Emons, H.-H., Pollmer, K., Kabisch, G.: Z. Chem. **24**, 1 (1984), 28
[190] Brand, P., Pollmer, K., Köhnke, K.: Z. Chem. **24**, 6 (1984), 227
[191] Emons, H.-H., Pollmer, L.: Z. anorg. allg. Chem. [191] 521 (1985), 224
[192] Emons, H.-H., Birkeneder, F., Pollmer, K., Kabisch, G.: Z. anorg. allg. Chem. **105** (1985), 231
[193] Kabisch, G., Pollmer, K., Bader, I., Berecz, E.: Magyar Kemici Folyóirat **89** (1983), 145
[194] Brauer, G.: „*Handbuch der Präparativen Anorganischen Chemie*", (3. Aufl.), Stuttgart: F. Enke 1978, Bd. 2, S. 903
[195] Houben Weyl: „*Methoden der anorganischen Chemie*" (2. Aufl.), Stuttgart: G. Thieme 1973, Bd. 13, T. 2a, S. 174
[196] Vogel, R.: „*Die heterogenen Gleichgewichte*" (2. Aufl.), Leipzig: Akademische Verlagsgesellschaft 1959
[197] Nyvelt, J.: „*Solid-Liquid Phase Equilibria*", Prag: Akademieverlag 1977
[198] Findlay, A.: „*Die Phasenregel und ihre Anwendung*", Weinheim/Bergstraße: Verlag Chemie 1958
[199] Anosov, V. Ja., Ozerova, M. I., Fialkov, Ju.'Ja.: „*Osnovy fizikochimiceskoqo analiza*", Moskau: Verlag der Wissenschaften 1976
[200] Houda, M., Korbl, J., Baznt, V., Pribil, R.: Chem. Listy **51** (1957), 2259
[201] Pribil, R.: „*Komplexometrie*", Leipzig: VEB Deutscher Verlag für Grundstoffindustrie 1962, Bd. 1
[202] Medicus, L., Poethke, W.: „*Kurze Anleitung zur Maßanalyse*", Dresden/Leipzig: Theodor Steinkopff 1961, S. 342
[203] Rödicker, H.: „*Analytische Chemie*" (4. Aufl.), Leipzig: VEB Deutscher Verlag für Grundstoffindustrie 1967, Bd. 1
[204] Eberius, E.: „*Wasserbestimmung mit Karl-Fischer-Lösungen*", Weinheim/Bergstraße: Verlag Chemie 1954
[205] Stamm, H.: Angew. Chem. **47** (1934), 791
[206] Bauer, K. H., Moll, H.: „*Die organische Analyse unter besonderer Berücksichtigung der Arzneistoffe*" (5. Aufl.), Leipzig: Akademische Verlagsgesellschaft 1967, S. 303
[207] Rao, V. R. S.: Current Sci (Bangelore) **38** (1969), 384
[208] Göttner, G. H., Weber, W.: „*Leo Ubbelohde zur Viskosimetrie* (7. Aufl.), Stuttgart: S. Hirzel 1965
[209] „*Ullmanns Encyklopädie der technischen Chemie* (3. Aufl.), München/Berlin: Urban & Schwarzenbach 1962, Bd. 2/1, S. 742
[210] Emons, H.-H., Naumann, R., Pohl, T., Voigt, H.: J. Thermal. Anal. **29** (1984), 571
[211] Holldorf, H.-H., Seyfarth, H.-H.: Kristall und Technik **10** (1975), 1221
[212] Bencroft, W. D.: J. Phys. Chem. **1** (1897), 414, 647, 760
[213] Schreinemarkers, F. A. H.: Z. phys. Chem. **33** (1900), 78
[214] Timmermanns, I.: Z. phys. Chem. **58** (1907), 129
[215] Bukowska, J., Kecki, Z.: J. Mol. Struct. **26** (1975), 289
[216] Scherzberg, H.: Diplomarbeit, FSU Jena, Jena (1960)
[217] Akitt, J. W., Duncan, R. H.: J. Magn. Resonance **25** (1977), 391
[218] Beattie, I. R., Jones, P. J., Howard, A. K. J., Smart, L. E., Gilmore, C. J., Akitt, J. W.: J. Chem. Soc. Dalton Trans. (1979), 528
[219] Akitt, J. W., Duncan, R. H., Beattie, I. R.: J. Magn. Resonance **34** (1979) 435
[220] Wehrli, F. W., Wehrli, S.: J. Magn. Resonance **44** (1981), 197
[221] Howard, A. K. J., Smart, L. E., Gilmore, C. J.: J. Chem. Soc. Chem. Commun. (1976), 477
[222] Kohlschütter, H. W., Hantelmann, P.: Z. anorg. allg. Chem. **248** (1941), 320
[223] Selbin, J., Bull, W. E., Halmes, L. H.: J. Inorg. Nucl. Chem. **16** (1966), 219
[224] Rum Chand Paul, Sreenathan, B. R.: Indian J. Chem. **4** (1966), 382

[225] Kim, T. P.: Zh. Neorg. Khim **28**, 4 (1983), 1050
[226] XVIII. Mitt.: Liebmann, G., Emons, H.-H.: Wiss. Z. TH Leuna—Merseburg 17. 3. (1975), 553
[227] Weicksel, I. A., Lynch, C. C.: J. Am. Chem. Soc. **72** (1950), 2633
[228] Schläfer, H. L., Schaffernicht, W.: Angew. Chem. **72** (1960), 618
[229] Emons, H.-H., Pollmer, K.: in Vorbereitung
[230] Cotton, F. A., Francis, R.: J. Am. Soc. **82** (1960), 2986
[231] Mpetse, S. K.: Praktika Akad. Athenan **6** (1931), 148
[232] Buslaev, S. A., Petrosgants, S. P., Kirakosgan, G. A.: Koord. Khim. **4** (1978), 1275
[233] Naumann, R., Pollmer, K.: im Druck
[234] Rösler, H.-J., Koch, K.: Salzmikroskopie, Lehrbrief der Bergakademie Freiberg 1968, 7—9
[235] Emons, H.-H., Keune, H., Seyfarth, H.-H.: „*Chemische Mikroskopie*", Leipzig: VEB Deutscher Verlag für Grundstoffindustrie 1973, S. 217
[236] Emons, H.-H., Hahne, B., Seyfarth, H.-H.: Mikroskopisch-phasenanalytische Untersuchungsmethoden nichtbeständiger Substanzen am Beispiel anorganischer Salze, Jenaer Rev. **4** (1974), 223
[237] Keune, H., Seyfarth, H.-H.: „*Phasenanalyse fester Rohstoffe und Industrieprodukte*", Leipzig: VEB Deutscher Verlag für Grundstoffindustrie 1980
[238] Petzold, D., Naumann, R.: J. Thermal. Anal. **19** (1980), 25
[239] Naumann, R., Petzold, D., Paulik, F., Paulik, J.: J. Thermal. Anal. **15** (1979), 47
[240] Applebay, M. P., Cook, R. P.: J. Chem. Soc. (London) 4 (1938), 547
[241] Handbook of Chemistry and Physics 43 RD, Cleveland Ohio: The Chemical Rubber Publishing Co. (ed.) (1961—62), S. 596
[242] Maneva, M., Firtz, H. P.: Z. Anorg. allg. Chem. **396** (1973), 279
[243] Leyendekkers, J. V.: J. Solut. Chem. Bd. 8, 12 (1979), 853
[244] Einfeldt, J., Gerdes, E.: Z. phys. Chem. (Leipzig) **246**, 3/4 (1971), 221
[245] Winkler, F., Emons, H.-H.: Z. Chem., 9. Jg., H. 2 (1969), 74
[246] Shakhparonov, M. I., Reiche, B., Lanschina, L. W.: Fiz.-Fiz. Khim. Zhidk. **2** (1973), 83
[247] Falk, M., Whalley, E.: J. Chem. Phys. **34** (1961) 1554
[248] Barnes, A. I., Hallam, H. E.: Trans. Faraday Soc. **66** (1970), 1920
[249] Heubel, P. H., Popov, A. I.: J. Sol. Chem. 8 (1979), 283
[250] Cahen, Y. M., Handy, P. R., Roach, E. T., Popov, A. I.: J. Phys. Chem. **79** (1975), 80
[251] Pajak, Z., Latanowicz, L.: Acta Phys. Polonica **A 53** (1978), 555
[252] Kollman, P. A., Kuntz, I. D.: J. Am. Chem. Soc. **94** (1972), 9236
[253] Veillard, H.: J. Am. Chem. Soc. **99** (1977), 7194
[254] Leukefeld, W., Friedmann, R., Gründler, W.: Z. Phys. Chem. **262** (1981), 241
[255] Caminiti, R., Lieber, G., Piccaluga, G., Pinna, G., Radnai, T.: J. Chem. Phys. **71** (1979), 2473
[256] Caminiti, R., Radnai, T.: Z. Naturforsch. **35**a (1980), 1368
[257] Dietz, G., Palinkas, G., Radnai, T., Szasz, G. I., Heinzinger, K.: Z. Naturforsch. **37**a (1982), 1049
[258] Symons, M. C. R., Waddington, D.: Chem. Phys. Lett. **32** (1975), 133
[259] Da Silveira, A. C. R., Hebd: Seanc, Acad. Sci. (Paris) **194** (1932), 1336; DaSilveira, A., Marques, M. A., Marques, N. M.: **252** (1961), 3983, Mol. Phys. **9** (1965), 271
[260] Adams, D. M., Blandamer, M. I., Symons, M. C. R., Waddington, D.: Trans. Faraday Soc. **67** (1971), 611
[261] Alfstad, J., Engdal, S. E., Oberstad, T.: Proceedings of technical Sessions sponsered by the TMS Light Metals Committee at the 100th AIME, Annual Meeting in Las Vegas, Nevada, Februar 24—28, 1980
[262] Dryjanski, P., Kecki, Z.: Adv. Mol. Relaxation Processes **5** (1973), 261
[263] Richardson, D., Alger, T. D.: J. Phys. Chem. **79** (1975), 1733

[264] BUSLAJEV, Ya. A., TARASOV, W. P., PETROSJANZ, S. P., KIRAKOSJAN, G. A.: Koord. Khim 4 (1978), 1346
[265] DALIBART, M., DEROUAULT, J., FOREL, M. T.: J. Mol. Struct. **63** (1980), 233
[266] LUX, L., GALOVA, M.: Extended Abstracts, 29th Meeting, Budapest: Int. Soc. Electrochem. 1978, S. 575—576
[267] KABISCH, G.: Z. phys. Chem. (Leipzig) **263**, (1982), 48
[268] IZDEBSKA, B., BUSLAJEVA, M. N.: Roczniki Chem. **51** (1977), 1005
[269] „*Raman/IR Atlas organischer Verbindungen*", herausgegeben vom Institut für Spektroskopie und angewandte Spektroskopie Dortmund durch B. SCHRADER und W. MEIER; Weinheim/Bergstraße: Verlag Chemie
[270] COETZEL, J. F., SHARPE, W. R.: J. Sol. Chem. **1** (1972), 77
[271] RANCONI, C.: Z. Elektrochem. **65** (1961), 645
[272] KATRITZKY, A. R., JANES, R. A. J.: Chem. Ind. (London) 5 (1961), 722
[273] KELM, H., KLOSOWSKI, I., STEGER, E.: J. Mol. Struct. **28** (1975), 1
[274] COTTON, F. A., FRANCIS, R., HORROCKS, W. D. Ir.: J. Phys. Chem. **64** (1960), 1534
[275] DRAGO, R. S., MECK, D.: J. Phys. Chem. **65** (1960), 1534
[276] CARRIER, W. F., WEBER, J. H.: Inorg. Chem. **6** (1967), 1539
[277] AHRLAND, S., BJÖRK, N.-O.: Acta Chem. Scand. **A 28** (1974), 823
[278] PERELYGIN, J. S., IMIDANOV, S. K.: Zh. Fis. Khim. **53** (1979), 1827
[279] FANGHÄNEL, T.: Dissertationsschrift, Bergakademie Freiberg, Freiberg 1984
[280] MÜLLER, D., GESSNER, W., BEHRENS, H. J., SCHELER, G.: Chem. Phys. Lett. **79** (1981), 59
[281] SCHNEIDER, H.: Electrochim. Acta **21** (1976), 711

7. Symbole und Abkürzungen

AC	Aceton
AN	Acetonitril
AN	Akzeptorzahl
DN	Donatorzahl
DMAC	Dimethylacetamid
DMF	Dimethylformamid
DMSO	Dimethylsulfoxid
dp	depolarisiert
FA	Formamid
I	Intensität
vs	(very strong) sehr stark
s	(strong) stark
m	(medium) mittel
w	(weak) schwach
vw	(very weak) sehr schwach
K	Komponente
k	Streuvariable
L	Ligand
LM	Lösungsmittel
m_i	molal
MeOH	Methanol

P	polarisiert
THF	Tetrahydrofuran
x	Molenbruch
v	kinematische Viskosität
η	dynamische Viskosität
ϑ	Valenzschwingung
δ	Deformationsschwingung
Δ	Halbwertsbreite (HWB) einer Schwingung
$\mathscr{L}$	Depolarisationsgrad

Heft 3 FELIX LAMPADIUS, **Beitrag zum Nachweis der Wertminderung des Waldes als Folge von Immissionseinwirkung**
1974. 27 Seiten — 4 Abbildungen — 8 Tabellen — 4° — M 6,50

Heft 4 Dr. MANFRED KLOSE, **Beiträge zur D- und V-Struktur von Wasser und speziellen wäßrigen Elektrolytlösungen**
1974. 63 Seiten — 22 Abbildungen — 21 Tabellen — 4° — M 16,—

Heft 5 Prof. Dr. med. HORST HANSON, **Eiweißumsatz und Differenzierungsvorgänge tierischer Zellen**
1974. 26 Seiten — 13 Abbildungen — 9 Tabellen — 4° — M 6,—

Band 53

Heft 1 **3. Internationales Symposium über Probleme der Passivität von Metallen**
(Technische Universität Dresden, 29.—31. 5. 1975)
1979. 171 Seiten — 150 Abbildungen, davon 26 auf 10 Tafeln — 27 Tabellen — 4°
M 42,—

Heft 2 Prof. Dr. LOTHAR JENTSCH, **Zur Existenz von regulären Lösungen der Elastostatik stückweise homogener Körper mit neuen Kontaktbedingungen an den Trennflächen zwischen zwei homogenen Teilen**
1977. 45 Seiten — 4° — M 18,—

Heft 3 Prof. Dr.-Ing. Dr. h. c. mult. KURT SCHWABE und Dr. CHRISTIAN QUECK, **Freie Überführungsenthalpien von Einzelionen aus Wasser in organische Solventien. Eine kritische Übersicht**
1979. 104 Seiten — 38 Abbildungen — 47 Tabellen — 4° — M 22,—

Heft 4 Dr. KARL STREHMEL, **Näherungsmethoden zur Ermittlung von transsonischen Profilströmungen mit Verdichtungsstößen**
1978. 78 Seiten — 25 Abbildungen — 4° — M 23,—

Band 54

Heft 1 Prof. Dr. phil. ERNST NEEF, **Analyse und Prognose von Nebenwirkungen gesellschaftlicher Aktivitäten im Naturraum**
Mit Beiträgen von A. Bernhardt, K. D. Jäger und K. Mannsfeld
1979. 70 Seiten — 7 Abbildungen — 1 Falttafel — 2 Tabellen — 8° — M 13,50

Heft 2 Dr. GUNTER KABISCH, **Schwingungsspektroskopische und Kernresonanzuntersuchungen an Tetraalkylammoniumsalzlösungen**
1979. 71 Seiten — 29 Abbildungen — 11 Tabellen — 8° — M 14,—

Heft 3 Prof. Dr. DIETRICH UHLMANN, **Künstliche Ökosysteme**
1980. 34 Seiten — 17 Abbildungen — 2 Tabellen — 8° — M 5,50

Heft 4 Prof. Dr. HERMANN BERG, **Der Formenwandel einer DNA-Doppelhelix in Lösung, an der Elektrode und seine molekularbiologische Bedeutung**
1981. 45 Seiten — 40 Abbildungen — 3 Tabellen — 8° — M 8,50

Heft 5 Prof. Dr. MANFRED GERSCH, **Zur Evolution des Hormonsystems im Tierreich**
1982. 33 Seiten — 6 Abbildungen — 12 Tabellen — 8° — M 5,50

Band 55

Heft 1 Prof. Dr. Herbert Jordan, **Aug' um Ohr: Goethes Zugang zur Musik**
1982. 39 Seiten — 4 Abbildungen — 8° — M 7,50

Heft 2 Prof. Dr. Wilhelm Oelssner, **Computertomographie,** Eine Übersicht
1983. 36 Seiten — 41 Abbildungen — 8° — M 7,50

Heft 3 Prof. Dr. Karl Mannsfeld, **Landschaftsanalyse und Ableitung von Naturraumpotentialen**
1983. 109 Seiten — 6 Abbildungen — 9 Karten — 22 Tabellen — 8° — M 40,—

Heft 4 Prof. Dr. Dietrich Uhlmann, **Ökologische Probleme der Trinkwassergewinnung aus Talsperren**
1983. 24 Seiten — 15 Abbildungen — 8° — M 5,—

Heft 5 Prof. Dr. Wolfgang Buchheim, **Beiträge zur Komplementarität**
1983. 63 Seiten — 6 Abbildungen — 8° — M 10,—

Band 56

Heft 1 Dr. H.-G. Egerter, Dr. G. Plötner, Dr. J. Dvořak, Prof. Dr. med. Herbert Jordan, **Geochemische Beziehungen in vogtländisch-westböhmischen Mineralwässern**
1984. 60 Seiten — 12 Abbildungen — 11 Tabellen — 8° — M 10,—

Heft 2 Dr. Wolfgang Horlbeck, Prof. Dr. Dr. Hans-Heinz Emons, **Spektroskopische Methoden zur Charakterisierung geschmolzener Salze**
1985. 66 Seiten — 26 Abbildungen — 24 Tabellen — 8° — M 12,—

Heft 3 Dr. s.c. nat. Kirsten Pollmer, Prof. Dr. Dr. Hans-Heinz Emons, **Ein Beitrag zur Koordinationschemie konzentrierter Elektrolytlösungen** *Vorliegendes Heft*

Bis Band 48 vom Zentralantiquariat der Deutschen Demokratischen Republik, Leipzig, ab Band 49 durch die Universitätsbuchhandlung, 7010 Leipzig, zum Teil noch lieferbar

Bestellungen einzeln oder zur Fortsetzung durch eine Buchhandlung erbeten

AKADEMIE-VERLAG

DDR-1086 Berlin, Leipziger Straße 3—4

ISBN 3-05-500091-9
ISSN 0365-6470

MIX

Papier | Fördert gute Waldnutzung

FSC® C083411

Kolibri 360 GmbH
Ferdinand-Jühlke-Straße 7
99095 Erfurt, Deutschland
produktsicherheit@kolibri360.de